泡茶之美与艺

蔡荣章 | 著

云南出版集团
云南美术出版社

茶是作品

泡茶是作品的演奏

从干茶过渡到茶汤

是禁得起泡茶、奉茶、品饮的

审美与艺术的再次创作

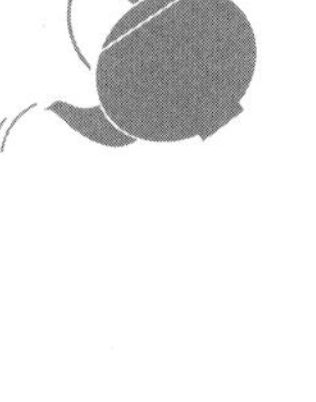

目录

自　序

从随意泡茶到喝茶艺术这条茶道大道

泡茶可以随意地泡，抓一把茶叶往壶内一放，不太在意是什么茶是什么品质，然后热水一冲，只要是烧开的热水，不管它是多少温度，过一会儿，也不管是浸泡了多长时间，就倒出来饮用，喝到后来，茶汤太浓了，就加入一些热水。喝茶的时候，不会在意是什么类别的茶，也不管品质的高下。这是不深究“喝茶”者的泡茶喝茶方式，但是不代表一个人的生活物质基础不佳，也不代表一个人对其他的项目也是如此，或许他对住房的状况就颇为讲究。

相对应的一种泡茶喝茶方式则不同，很讲究泡茶的用水，非得要用什么山泉，或是哪一个品牌的饮用水不可，讲究烧水的容器与燃料，讲究茶叶的品质，什么茶要用什么样的壶具，泡茶时的水要烧到什么程度，置茶量的茶水比例，每一道的浸泡时间与水温的调整，还有奉茶杯子的材质。喝茶的时候，在观看汤色时，就分析起了色相、明度、彩度所代表的茶况，闻汤而香的时候就关注着香气的类型与强度，喝茶汤时要求要在该种茶最适当的温度时饮用，而且在口腔内仔细分析了融在茶汤里的香气与各种不同的味道与感觉。最后还要总结出该种茶的风格，以及泡茶、奉茶、喝茶间形成的审美效果与艺术境界。

茶叶，只要制作精良者就会具备品饮上的审美与艺术本质，这些茶叶，从干茶过渡到茶汤，是禁得起泡茶、奉茶、品饮的“审美与艺术的再次创作”的，也就是有足够的能耐可以撑得起茶道艺术的场面。我们不难在世界各地找到具备这种素质的茶叶（因为茶叶制作已经过千年的磨炼），人们只要具备茶叶美学与艺术上的创作能力，就能创作出属于茶的美感与艺术，欣赏到泡茶之美、奉茶之美、品饮茶汤之美，这是茶产业界、茶道界不能忽视的茶文化资源。

目前我们的工作就是要将茶叶的美与艺术本质描述清楚，也要将这种本质化作审美与艺术的方法说明白，虽然它无法从书本上的文字跳跃成可供享用的成品，但是可以提醒人们，只要具备美学的理解，加上艺术表现的泡茶、奉茶、喝茶之法，就可以将茶叶从商品架上、从住家的柜子里飞奔出来，变成我们审美与艺术生活的伙伴。

从随意泡茶到喝茶艺术这条茶道大道上，我们经历了四十多年的孕育，20 世纪 80 年代是当代茶文化复兴的初期，当时我们努力研究各种泡茶的方法、开发符合当今生活需要的茶具，今天所谓的小壶茶法等十大泡茶法，与四大功能的茶具（即主茶器、辅茶器、备水器、储茶器）就是这个年代完成的作品。喝茶的风气兴盛以后，不但从事茶文化事业的业者为了经营行业需要学习茶道，消费者也在情趣生活与时尚的驱使之下赶紧学茶道，那个时候在民间就产生了许多私塾式的茶道教室。

进入 21 世纪，茶学课程，不只是茶树栽培、茶叶加工、茶叶营销，茶叶冲泡、茶叶鉴赏、茶具应用、茶会举办、茶叶历史、茶文学等人文类的科目，还以“茶艺与茶文化”等的专业名称在学校设置。这时的课程内容当然更加完备，也有了专业的茶文化师资，这样的条件之下，自然培养了一批又一批茶文化事业的经营者，也为社会培养了逐年涌现的茶艺爱好与茶道艺术的专业人才。到了这样的局面，当代的茶文化复兴才稳固了阵脚，大家也愈加正视这门学科。

不管是民间还是学校教育，有些课程对人们的审美能力是很有帮助的，例如绘画、音乐、舞蹈、雕塑、文学等。当人们的审美能力增进以后，生活举止的文明程度自然提升，大家对这样地区的人们就会待之以礼、对之以敬。有了深厚的审美能力之后，对日常使用的服装、电器、汽车、房屋都会要求它们被设计得更美、更精致，这又直接促进了制造业等的质量提升。这种审美上要求的提升，往往就是领导品牌的创立，也就是经济发展的有力支撑，推动过程虽然艰辛，但对人类的生活是有意义的。

刚才说到绘画、音乐、舞蹈等学科对审美能力的助益，现在我们还要加上茶道艺术。当喝茶进入了茶道艺术的阶段，它已经是审美课程的一环。审美的内涵从泡茶、奉茶、品茶开始，包含了泡茶、奉茶的动作，以及品茶的色、香、味、性的美感与艺术境界，除了视觉、触觉的感受之外，还包括了嗅觉、味觉、意识的体会，嗅觉、味觉的审美感受更是拓展了人们生活与生命的领域。谈到美学教育，也就是简称的美育，“茶艺与茶文化”的课程不能忽视，而且又因为它特别的生活化，所以教化的效用特别明显。

喝茶艺术要在美育的范畴上显现效益，首先要让人辨识和了解茶道的美在哪里，不能只是笼统地概述，要分析到泡茶、奉茶、品茶、器物以及泡茶用水的美，接着还要厘清这些美要如何呈现，是通俗性地呈现还是艺术性地呈现？这其间需不需要注满道德修养的要求？还是应该让美感与艺术自由地翱翔？《泡茶之美与艺》书写目的就在于此，我们要将属于茶道中的美学、艺术观念说清楚，就像一部影片呈现眼前，然后大家才会将喝茶列入美与艺术课程，并将其视为重要组成部分。

蔡荣章

2021年5月26日

于漳州科技学院茶文化研究所

第一章　茶道美学的含义

茶文化里的美与艺术

美不只是赏心悦目，如看到俊男美女时我们说他们长得很美，看到风光明媚的景色我们说风景很美，这些都是属于赏心悦目的美，但还有悲壮之美，如战争的场面；凄凉之美，如寒风中的破旧茅草屋；丑陋之美，如残破不堪的报废汽车，这些都是另一种美。

美也不全由视觉得来，还可以从听来获得，听到优美的旋律、和谐的声音我们会觉得很美，但听到雷劈的声音我们会觉得很雄壮，听到哭泣的声音我们会觉得很凄凉，这些也都是不同的美。

美也可以从摸获得，摸到质感很好的物体、摸到转折起伏很柔顺的曲线，我们会觉得很优美；摸到一定质感的超大面积或体积，我们会感到雄伟；摸到锐利的折角或细点，我们会觉得害怕。

美还可以从想获得，想到一块蛋糕，我们会觉得幸福；想到为自己的理念被迫付出生命的场景，我们会觉得悲壮；想到一群嬉戏的小孩子，我们会觉得天真。

这些通过不同渠道获得的美，都是不同类型的美，都是我们需要的美。我们对美有了全面的认识后才不至于只会欣赏某一方面的美、只会接受从某一个途径取得的美，我们的生活才会多姿多彩。

与美相对的是不美，都同时存在于我们的生活中，我们希望围绕在身边的都是美的，即使这个美是属于悲壮的、丑陋的。美自然存在着，如某一片山峦起伏，如某位俊男美女，如海边一间破旧的茅草屋，它所在位置与辽阔的海面自然形成了一幅凄凉感的美丽画面。有些美是要经过自己的整理与转化才能被自己享用，如残破屋角下一位满脸皱纹的老人在晒太阳，有人就会想到贫富不均而愤愤不平，有人就会欣赏他的安然无恙，甚至也坐下来偷个闲。路旁一堆拆屋的废铁，有些人只觉得脏乱，有些人就会觉得它像一件现代雕塑。如果我们无力整理与转化，不美的事物就会充斥身旁。

我们希望进入眼帘的都是美的事物，这不能解释为回避现实的心态，而是希望自己多一些美的细胞。

以上所说的美与不美的事物都是自然呈现的，自然呈现就与艺术创作无关，再美的风景，再美的模特儿都不是艺术品，举凡艺术品都应该是人的创作。艺术家想要表现一个美的画面或意境，用画笔把它描绘下来，就成了绘画作品，将它塑成一件多面性的对象就成了雕塑作品，将之用声音表现出来就是音乐，将之用肢体表现出来就是舞蹈，将之用文字表现出来就是文学。艺术家要将自己想到的境界表现出来就得要有表现的能力，也就是要有绘画、雕塑、演奏、舞蹈、写作的能力。

只是如上述所说的将想到的意境表现出来，还无法知道是不是一件好的艺术作品，因为如果他所表现出来的作品已经有人如此表现过，即使稍有不同亦不能称得上好作品。艺术重在创作，唯有创作才能为人类增加新的思想领域，所以如果艺术作品只是抄袭自然、抄袭别人的作品，都不能称为艺术创作。艺术创作当然还有高下之分，这关乎创作内容的充实度与境界的层次。

喝茶的朋友想要喝得更有心得，首先要对美有正确的认识，理解美是多面性的，因为泡茶、奉茶、品茗间包含着许多不同形态的美。其次要培养自己的审美能力与表现能力，知道如何将有形的泡茶奉茶品茗及无形的美感与茶道精神完善地表现。最终如果能发挥自己的创作力，就可以使用自己的方式与见解诠释茶道，喝出风格、喝出艺术领域、喝出茶道思想了。

茶道里的美学概念

美学教育是每一个人成长过程中必须有的学习项目，否则对身边的事物会太过冷漠。然而近代很多人的美学教育都被忽略了，因为经济、因为政局、因为升学，1980 年后，茶文化复兴，我们借着大家乐于喝茶的同时，输入一些美学的观念以补传统学校教育之不足。

我们出门旅游，欣赏山色时经常听到这样的赞叹声：“你看，那座山像极了一尊打坐的达摩！”也常听到导游人员这样介绍：“大家看前面的那座山像不像一位亭亭玉立的美女，这就是本风景区最具代表性的玉女峰。”从小我们就不断地被暗示、被教育成这样的审美方式，所以看到山、看到雕塑、看到绘画，无时不在思索着：“像什么？”能意识到像什么的，就表示自己看得懂，否则就没有什么感应，或说“看不懂”。

上述这样子的审美方式只能欣赏自己既有经验中的具象事物，而且受限于该认知事物的本体，难得直接欣赏它“本身”的美。如上述所说的“山像达摩”，观赏者只能欣赏传述中打坐达摩的美，“山”本身的美不容易被体认。我们应该训练自己不受“既有形象”的限制，而就山、雕塑、绘画等本身的线条、色彩、质地来感受，有了这种抽象性审美的训练，视野及身心的体会才会广阔。也就是说以后我们欣赏湖光山色，不要管它像牛或像马，欣赏绘画时仅就它的线条、色彩与组合成的感觉来体认；欣赏人像时，也尽量不去管它是男人的大腿还是女人的大腿。

以上这些观念就是茶道美学的重要观念，没有了这些修养，看起“茶道”来，只是些将茶调制成饮料供应给别人饮用的动作而已。如果茶人们没有这些修养，也无法将泡茶、奉茶动作提升到意境表现的层次。抽象作品的创作也不是任意挥洒的，它要有一定程度的稳定性，它所要达成的“目的效应”是一定的，是可复制的。

唯要声音与光影陪伴茶

“老师主张不让非茶项目进入‘茶道艺术’的领域，说是会干扰到茶道艺术的纯度……”学生独自在茶屋里。

“对于挂画、插花、点香诸艺，老师说初学茶道艺术时不要加入，以免分心，等到能掌握泡茶奉茶品茗的要义后，茶道已俱足，又可以不要了。——如果要，就要将它们做得与茶一样好，静静地陪伴在一旁。这似乎很难理解。”学生努力思考着。

“事实上也没错，既然要将挂画、插花、点香诸艺放进茶席，就要将它们表现好，否则不是反而坏了事？但是不容易样样做得如茶一般好，能够把茶做好已经不容易，何况还要画、还要花、还要香，老师是勉励的话罢了。”学生挤出一点头绪。

“音乐是以声音表达艺术的境界、绘画是以线条与色彩表达艺术的境界、舞蹈是以肢体表达艺术的境界，那茶道艺术就是借由泡茶奉茶品茗这三项媒体了。如果表现茶道的时候还要掺入其他艺术项目，不就减弱了茶的浓度？我懂得老师所说的意思。”

“有一次茶会，进行到一半的时候老师将播放的音乐关掉，顿时大家的注意力全部集中到泡茶者的动作上去了，我确实体会到了茶道独挑大梁的状况，不再分神到音乐，甚至不再心里跟着曲子哼唱。”学生自己找出事例印证。

“有一次茶会，泡茶者安排了一位古琴师在旁边，位子偏向一旁、偏后了一些。泡茶时，古琴师手抚琴弦，眼睛注视着泡茶者，亦步亦趋、适时地给予泡茶动作补了声音，奉茶时、大家品茗时，亦如此跟随着。我知道了什么是陪衬。老师反对一面泡茶一面弹唱音乐，但是告诉我们，如果要有音乐或其他项目就会是陪衬的方式。”学生又找出另一事例。

“如果没有了音乐，茶席上是静悄悄的，比较有空间表现茶的苦涩与空寂，这时什么声音都容易显现，煮水的声音、走动的声音、倒茶的声音、喝茶的声音，在笃定的泡茶奉茶品茗中，这些声音陪伴着茶。”学生有所领悟。

“晴天时，阳光从窗户射进茶席；阴天，光线铺洒在茶具上、在泡茶喝茶人的身上；夜晚，灯光映出了茶汤的身影。茶有人陪伴、有茶具为伍，光线温暖着它们，影子清凉了它们。茶席上是可以不再需要其他的东西。老师说，我们唯要声音与光影陪伴茶。”学生满意地走出了茶屋。

茶道空寂境界的呈现

“空寂”是美学上的一种不易理解的境界，然而在茶道上特别被人提出，或许它是“茶”特有的一种性格吧。我们曾谈到茶永远有着“苦”“涩”的一面，应该就是这个道理。现在我们以简洁的字眼来说明空寂是怎样一个美学境界与状况。

谈到“茶道境界”，很多用语会出现，如“精俭”“清和”“空寂”……“空寂”在茶道上最接近的用语是“侘”，侘，是失意的样子，如“侘傺”。“空寂”也有“失意”的成分，所以带有一丝丝的“凄凉感”，这样的心情、这样的氛围造成了极度宁静的状态，它比哀伤或愉悦更为不动气，人们的血压更低、心跳更慢。茶道界村田珠光、武野绍鸥、千利休等人提倡的“草庵式茶席”，就提出了这样的美学与心境思想。

空寂让人更专注、更容易体会到自己的存在、体会到自己与大地、与他人、与他物的关系。空寂的训练让茶人更容易泡好茶、更容易欣赏到茶的味道，即使多人一同泡茶、品饮，也能掌握同样的效果。有人泡茶、品饮间不搭配音乐，就是希望让“茶”的浓度增强，单一、专注是可以让所需的气氛、磁场一再放大的。

生活中，各种喜怒哀乐的冲击在所难免，空寂的训练让自己受保护于一个宁静且坚实的空间。茶道的空寂训练是在众目睽睽之下，在车水马龙的路旁，在极端不友善的人际关系间依然稳健地把茶泡好。

在审美的训练上，“空寂”是训练自己超脱现实、超脱功能地看待事与物，如路旁的一堆废铁，不从“旧屋拆下”“生锈”“无用”“撞上受伤”的角度看，而从物体的质感，线条的组合去欣赏，说不定你会联想起美术馆里的那件得奖作品。如此，身边的庸俗、丑陋就会变得更少。然而，是非、善恶在冷静观察中是不会被扭曲的。

茶叶凄凉味的美

艺术上所说的美有很多种类型，一种是接触后让人欢愉，一种是接触后让人兴奋，一种是让人感到悲壮，一种是让人兴起哀伤之情，一种是激起人绵延不断的哲思，一种是让人沉静，并多少带点凄凉感……最后的这种沉静，并或多或少的凄凉味就是本文所要谈论的空寂之美，这是茶道在艺术领域上很特殊的一种特质。

茶道的艺术领域为何存在此空寂的元素，我们认为与茶的基本成分有关，那就是构成茶主味“苦”与“涩”的咖啡因与儿茶素，拿掉了这两项成分，茶几乎不称其为茶了，茶的傲世功能也将消失殆尽。制作精良的茶，苦涩等味与香气搭配得恰到好处，不但隐藏了苦涩的锐气，而且形成非常让人喜欢且耐人追寻的茶味，这样的香与味可以让人喜欢一辈子。

这样的茶喝进肚子里，血压开始微幅下降，肌肉开始放松，注意力开始凝聚，让喝它的人逐渐沉静下来。这样的生理状况是空寂之美呈现的良好环境，只要有点空寂概念与修养，这样带点凄凉味的美之意象，就容易步上意识舞台。或许因为如此，自古爱喝茶的人，尤其是文人、艺术家们，记录了许多茶在空寂之美的文献，于是空寂逐渐形成了茶的人文成分；茶人们更将之表现在品茗环境上，而逐渐有了“草庵茶席”的称呼，还将之与禅结合，而有了“茶禅一味”的说法。

茶道与禅学自古连接得很密切，我们认为其中的原因就是彼此在空寂境界上的一致性。空寂的状况是修禅的人必须学会进入的境界；空寂的状况是茶人们体会、享受茶境之美的一条道路。陆羽在《茶经》上强调的“精俭”也被我们认为是他体悟茶境空寂的一种方式，而禅学上的空寂与陆羽茶学上的精俭在珠光、绍鸥、利休等茶人的茶道上都表现得非常具体。我们现在只是从美学的角度再度将艺术、茶道与禅学在空寂特质上做了一番描述。

茶味的苦涩华丽与甘美

空是没有杂念，非常安静；寂是简单，直指本质，甚至带点凄凉味，“空寂”就是这样的情景。塞外荒漠、绵延一望无际的山峦、夜晚路灯加上孤独老人牵着一只不听话的小狗，都是空寂图片。你说火车站满坑满谷的返乡人潮、一根枯木也是空寂，没有错，跳上云端看，是另一番空寂。

有人说住在五星级酒店没有住在山间茅草屋来得容易进入空寂境界。有人反对，认为处在何处不重要，要看自己是否容易抓住空寂的心境。这个论调在茶道界发生过，千利休就说过，不能说在“书院式”的茶屋里就体会不到在“草庵式”茶席的那股“侘”味。侘味就是空寂之味。

空寂之境心如止水，旁物惊动不了我，而且那份凄凉感松弛了全身肌肉，达到逍遥的状况，这种状况的宁静往往胜过于单纯的无声或是欢乐与悲哀。在这个氛围之下，一种宁静深远的美感自然形成，就是所谓的空寂之美。这种美感可以在心境上表现，也可以在茶席规划或布置时传达出来。

茶汤喝来给人们的感受是清平，甚至于空寂的，这不是说将茶泡得清淡的意思，而是茶汤中普遍存在的苦涩味。它不一定显现得很强烈，但在各种的茶类中多少隐藏了一些，这一些就将人们的情绪沉淀了下来，喝久了，相乘的效果，甚至将喝它的人带进空寂的境界。这股茶味，这番茶情或许在陆羽的时代就被喝了出来，所以陆羽在所著的《茶经》中才特别提到“精”与“俭”两字，精就是精练到最本质的部分，俭就是去掉可以不要的东西。

修禅的人当然也最容易发现这个秘密，茶汤的宁静，甚至于空寂，正是修禅所要的境界。于是喝茶、修禅就结合在了一起，“茶禅一味”之语也因此产生。茶文化被禅僧们带到世界各地后，这份茶里空寂被茶人们看上，并逐渐放大完善，完整地呈现在茶道艺术上。现在我们听到的“草庵式茶席”“四迭半茶室”“数寄屋”“侘”等都是这个茶境具体而多样化的应用。

茶味也不只是苦涩，还有的是华丽与甘美。喝到一杯绿茶就像踏上了一片绿油油的草原，喝到一杯铁观音就像进入了一片森林，喝到一杯白毫乌龙就像到了玫瑰花园，喝到一杯红茶就像看到秋天变红了的枫树林，喝到一杯普洱茶就像来到了一座深山古刹。然而这些多姿多彩的世界在苦涩味的背景之下变得理性了，变得是与自己拉开一定距离的审美对象。这个理性就是我们所说的空寂，欢乐不会乐得生悲，悲哀不会哀得痛不欲生。“竹林七贤”之一的嵇康被司马昭赐死，行刑之前索琴弹奏了一曲《广陵散》，三千在场为他请愿的太学生叹曰：“《广陵散》从此绝矣！”这是空寂。

上述的空寂之美多偏重于品茗上的感受与心境上的描绘，然而空寂也是艺术表现的一种形式，有人说它是凄凉美。茶席可以布置成那样的风格，泡茶喝茶的人可以变成那个样子。可以演这样的一出戏，可以唱这样的歌、绘这样的画，空寂之美让人宁静，让人专注，让人理性，让人洒脱。

茶的空寂让它涵养了许多文化、艺术、思想的内质，它不见得是小孩喜欢的饮料，然而是大人们可以喝它一辈子的伙伴。试着除掉它的苦涩，换上甘甜，很快地许多大人都将弃它而去。茶的香气也是令人迷恋的地方，不论是不发酵茶的菜香、轻发酵茶的花香、重发酵茶的果香、全发酵茶的糖香，或是后发酵茶的木香，丰盛而多彩，但是在众香国里，它有不群的孤傲之气，它的香气再强烈，仍不腻人；它的香气是君子，淡如水。这“不腻人”“淡如水”就是茶性空寂使然，至今无人能以人为的方式调配出任何一种茶的香气，这是茶“和”“同”之间的一种风骨，仍是它“空寂”审美的表现。

看样子就知道茶的好坏

有一次茶友要我为六种茶的品质排序，给我一张表格，上面有六种茶样的编号与每种茶的五个“品质项目”，这五种品质项目分别为香气、汤色、滋味、叶底、外观，要我依这些品质项目打分数。每个品质项目还有在总分 100 上的占比，如香气占 30%、汤色占 10%、滋味占 30%、叶底占 10%、干茶外观占 20%。

我将这六种同一类型的茶叶依“评鉴泡茶法”（即同样的茶水比例、同样的水温、同样的浸泡时间）把茶汤泡出，随之打开冲泡盅闻了茶渣香气（浸泡过，并已倒出茶汤）、看了茶碗上的汤色、拿汤匙喝了茶汤的滋味、将浸泡过的茶叶倒到叶底盘，审看了叶底、最后再看看干茶的外形与色泽。最后在总分栏上打了一个分数，一种茶接一种茶地把六种茶的分数都填上了。

我的这位茶友说还要分别为六种茶样的五个品质项目打分数，我就将已经填妥的总分，依比例分解到各个品质项目去。茶友说我这样的做法不合乎常规，应该要闻了香气打一个分数，看了汤色再打一个分数，分别打完五个项目的分数，然后再加总。

本篇文章就是要讨论这个“评茶”的问题。先说分别依五种品质项目打分数，这样的评茶方式容易就个别的品质项目单独思考，例如外观非常整齐，采摘标准也很划一，单芽就都是单芽，一心两叶就都是一心两叶，色泽也很一致，于是外观打了满分；但闻茶叶的香气并不怎么样，喝茶汤的滋味也没有让人惊喜，于是这两项都只给了保守的分数，但是这款茶的总分并不低。再说刚开始的那种打分数的方式，将每个茶样的五种品质特性看完后再综合给个分数。假设茶况依旧，这样打出来的分数一定会比个别给分后再加总者要低，因为茶的品质是以喝的为主，香气与滋味才重要，综合打分时会以香味为主导，外观的分数自然不会给到满分。

你或许会说：我不会受到外观好坏的迷惑，他制作得漂亮，但我可以从条索紧结的状况与色泽上判断它的不足。同样地，另一款茶的外观不怎样漂亮，我也可以发觉那只是因为拣枝、筛分的问题，从色泽、条索、老嫩上判断，可以知道它的品质不错，甚至优于外观漂亮的那一款，所以我会给予相当的分数。他的给分方法是“综合给分法”，是偏向茶的香与味，是倾向于茶的“饮用质量”。

有些人会持反对的意见，他说茶叶的外表直观非常重要，整齐、美观、精细就可以占领市场的先机，毕竟懂喝的人没有懂看的人多，所以即使外观的分数占比不高于香、味（外观仅占 20%，香气与滋味却各占 30%），但还是要依它的实际状况给分，不可以因为香味的逊色而不给它应有的分数，也不可以因为你看得出它在漂亮的外表上暴露了香味的缺点而特意扣了它的分数。

但是我还是会给综合性的分数，因为看在眼里，明明知道它的茶汤不怎么样，却要因为它长得漂亮而给它加分，总是违背心意。

市场的需要是要考虑，但是只能酌量加分，不能超越比它的“饮用质量”较佳者的分数，所以我老是习惯使用综合性的给分方法。

我不知道要做什么茶，我不知道在泡什么茶

这个题目有点奇怪，先说第一个奇怪：我不知道要做什么茶。鲜叶都已经采收进来了，还不知道要做什么茶？

有一次我跟朋友到茶区去走走，信步来到了一户制茶的农家，他家门口的庭院上晒满了一大竹盘一大竹盘的茶青，也就是将刚采下来的茶树鲜叶放在阳光下进行日光萎凋，让它晒掉一点水分。地上与周遭环境打扫得很干净，有些屋角未铺水泥的地方，还用竹架子撑起大竹盘。我意识到这是讲究制茶的农户，否则往往就把茶青撒在水泥地上，了不起铺一块大帆布或塑料布而已。

我与朋友谨慎地走进屋内，遇到一位中年男子，我们向他问候。我那位朋友问他是在做什么茶，他思考了一下回答道："我也不知道要做什么茶，我是看收购进来的鲜叶状况，以及今天的天气，一面做才一面形成它的茶类。"我的朋友很不以为然地说："每个茶区不是都做着同一种类的茶吗？"制茶师傅有点不想回答。我知道是遇见了一位制茶高手，移了几张椅子让他与我们坐下。我转头告诉我那位朋友："他说得不错，制茶是要看青做茶、看天做茶，不是这个地区做什么茶就依着既成的方法来做。必须对制茶有深入的体悟后，才能说出这番话的。"

我看屋外暴晒的茶青蛮嫩的，而且季节已是初夏，我问师傅是不是要往重萎凋方向发展，他说是的。他进一步解释，这个季节大家都会做些红茶，但我看今天的空气很干燥，又吹着西北风，我想往白茶发展，至于发酵的程度，要等今天晚上的天气状况与茶叶萎凋的情形再做决定。

我向着我的朋友说，茶叶做成以后当然可以说出它的名称，但是现在还说不上来。如果今天是清明左右，采收的茶青又比今天的细嫩，也就变成炒青绿茶或是烘青绿茶，但是这些都是"茶类"的称呼，都无法表达制茶师傅就原料的特性、天气的状况以及他擅长的制茶技术制作出来的"特种茶"。这个特有风味的茶，当它制成后，制茶师傅可以给它一个特有的名称，也可以只是依照既有的类别来叫它，如白茶、红茶。你刚才问师傅是要做什么茶，师傅是很难回答你的。

这位师傅到此才放松全身的肌肉，表情也亲切了起来，总算遇到理解他的人了。否则路过的客人，总只是给他增添不耐烦。我们恭敬地向他表示敬意，并行告辞。

我们离开了制茶师傅，不久就到了一家品茗屋，我们进了门，有位青年男子在整理茶具，我们告诉他说要喝茶，然后依他的指示在一张茶席上坐下。不一会儿，他就以奉茶盘端着三只杯子坐上了主泡席，我与朋友见他一副庄重的样子，就向他行了个礼，他也很正式地回了个礼。他将泡茶用水倒进煮水壶内加热，从茶叶罐内拨出茶叶，端详一下茶叶后，递给我们赏茶。我仔细看了半天，然后递给我的朋友，他也看了半天，然后问青年：这是什么茶？青年说，我也不知道，我前天从收藏茶叶的柜子里拿的，标签已经掉了，我也不知道它叫什么名字，但是我认真看过，知道它是好茶。我的朋友一脸不解的样子责问他：连你都不知道是什么茶，怎么泡给我们喝！

青年不慌不忙地解释道：我从它发酵、焙火、揉捻、陈化的程度，以及粗细、破碎、老嫩的现象，就知道应该用多少温度的水、使用什么材质的壶、放多少的茶叶、如何掌握浸泡的时间，而且我判断了它的性格。泡茶不就是看茶的各种状况，把它的个性呈现出来就行了吗？即使我们不知道它的名字，我们照样可以很好地冲泡它、欣赏它，而且就因为不知道它的名字，不会受到既有茶类的束缚，更能直接就它的外形与色、香、味欣赏它。

他说着，就把茶叶放入壶内，冲水，然后细心地衡量着浸泡的时间，时间到了，将茶倒出。我们三人就这样品饮着这壶茶，因为不知道它叫什么名字，所以不必像考试的时候那样答题，只管从看到、闻到、喝到的色香味及茶的性格去理解它、欣赏它。

我首先说出我的心得："我喝得很清楚，它的形象在我的口鼻眼间完整呈现，就如所说的，没有既有印象的干扰。"我看看我的朋友，他点了点头，向青年说："我现在不管它叫什么名字了，我已经清楚地认识了它，享用了它。我也不问你叫什么名字了，我只要记得某年某月某日，在某人的品茗屋赏到了一款很有个性的茶。"

茶道的独特境界“无”

每一个人对自己所钻研的学科都会有自己想强调的观点，我当然也在笔墨间显露出很多个人的见解，如“无”的观念就是一再强调的地方。

在茶的领域里，不同的学派当然会有自己想强调的茶道理念。但这理念应从“茶”而生，否则只是外来的思想挂靠在茶的身上，是不扎实的。我们从“茶”的诞生与应用上发现“无”是很重要的特色：茶的制造过程中除了利用空气、水、温度等大自然的元素与“自体”发生效用外，无须外加其他的东西，但却因为这样的“无”，产生出从绿到红，从白到黑的各种茶味。再说茶的冲泡，即使再讲究的技术，也只需要无色、无味，几近没有矿物质的白水而已，然而也就是因为这样几近于“无”的水，将茶泡出不受干扰的各种品级与风味的茶汤。最后说到品饮，也是要以无好恶之心、无先入为主的态度才能体会、欣赏出各种不同个性的茶叶，若是无法放空，就会或多或少阻挡了与茶为友的领域。这些“无”都是从茶原生出的茶道特质。

我们也把这样的“无”，透过“无我茶会”的举办，介绍、推广出去。无我茶会的“无我”应该解释为“知道‘无’的我”。第一，“抽签决定座位”，不只无尊卑之分，而且“无”后才能随遇而安，才能喝到很多人所冲泡的茶汤。第二，“依同一方向奉茶”，磨炼自己无所为而为地奉茶，降低报偿之心。第三，“茶叶自备、茶类不拘”，不但能喝到各种不同类别的茶，而且训练自己无好恶之心、培养超然的胸怀。第四，“席间不语”，认真把茶泡好，太多的心思容易分散自己的注意力。第五，“依既定程序，不设指挥”。“既定程序是有”，“不设指挥是无”。我们强调的“无”不是一无所有的无，不是死亡的无，而是有了以后的无，如“光”的无色是由七彩融合成的；将财富、知识、地位、美体融会贯通后所形成的“无”才是我们喜爱的境界。第六，“默契与协调，显现群体律动之美”。这是人与人、人与地、人与物、人与宇宙之间最佳的“自然”状况，是多元“无”的组合。第七，“茶具、泡法不拘”，无地域与流派之分。这更需要有“无”的体认与胸襟，由此，不但可以博览大家所研发的成果，而且丰富了自己所拥有的“茶”的资源。我们不都是爱茶人吗？怎么会排斥别人研制更好的茶、发现更多的泡法、设计更多用具与探讨更丰富的理论思想呢？只怕太多“观念”“名利”“地位”的“有”阻挠了“无”的通行。

我们相信把“无”的精神吸收、推广后，茶人一定可以泡更好的茶，享受到更美的茶文化资源。

茶道里的无何有之乡

茶道在历史的长河中融合了儒释道等各种思想学说，但融入后就不好分析了，只能在遇到某些状况时，说说彼此的相关性，做做比较罢了。现在说说庄子在跳脱到云层外看宇宙时提出的“无何有之乡”的境界，在一壶一杯的小世界里可以得到印证。

练习写毛笔字时从《庄子》一书中抄下了“无何有之乡”的句子，端详、思虑了许久，应该把它安在茶道园地的哪个区块才好呢？

首先想到的是称为“水屋”的地方，那里是提供泡茶用水的处所，水都经过降低矿物质、杂质与异味的处理，让茶有个无干扰，可以自由发展地释出空间，对茶而言，这样的环境正可说是茶的无何有之乡了。

接着把“无何有之乡”试着挂在陈放茶壶的壁橱前，想了一想，好的茶壶不也是茶道上的无何有之乡？这里所说的“好”是指壶身无异味、不释出有毒或无毒的杂质，而且如果是陶瓷器的话，烧结程度要高，如此散热速度快，吸水率低，给泡茶提供了又一个“无干扰，可以自由发展的释出空间”，不也正是茶的另一处无何有之乡？

走到泡茶练习区，几位茶友正在为泡茶师检定考试与茶艺讲座的术科考试勤练泡茶，大家聚精会神。在不惊扰大家的情况下将“无何有之乡”的字条浮贴墙角，一位茶友放下茶壶望了一眼，思虑片刻后继续低下头去试饮他泡出来的茶汤。是的，练习泡茶不就是为了欣赏一杯好茶，并从中体会茶道的境界？考泡茶师也好，通过茶艺讲座的术科考试也罢，不外乎都是在磨炼自己更有能力悠游于林林总总的茶界，享受茶道的清净与丰盛，如果有了“争奇斗艳”“逐鹿商场”的干扰，泡茶演练或是茶道修习都将变成劳累的苦差事，所以就将这张“无何有之乡”的字条作为驱除干扰的符咒，贴在茶道练习场吧。

大鹏鸟翱翔于宽阔的天际，那是无何有之乡，另有大海让它觅食，高山让它栖息；暴风雨则用以清除腐朽、维持生态平衡。要悠游于无何有之乡，就必须不沉溺于大海，不迷失于丛林，不畏狂风暴雨袭击。

茶道上纯品茗的抽象之美

谈“茶道”，是可以把范围缩小到“茶汤”本身的，茶汤所表现的各种风情已足以传达茶道的大部分境界，如茶汤的色、香、味以及茶性、风格等，当然如果再包括一些泡茶的动作与品饮的感受就能更清楚地衬托了。这样的茶汤世界是较为抽象的纯艺术境界。

自从20世纪80年代初期，茶道在台湾兴起之后，我们在茶学讲座上就一直强调“把茶泡好”的重要性，因为茶道是建构在泡茶（含品饮）基础之上的，如果基础不稳固，建构在上面的茶艺术与茶思想是粗糙的。

上面这段话很容易让人误将“泡茶”只当作手段，或只是表现茶艺术、茶思想的媒体。所以后来在提出“泡茶师箴言”的时候，我们在“泡好茶是茶人体能之训练、是茶道追求的途径”之后，又提出了“是茶境体悟之本体”。

事实上，茶道之美、茶道之境都可以在泡茶、品饮之间求得，除了茶、器与技术、经验之外，可以无须额外的东西，无须茶席的布置、无须服饰的搭配、无须佐以什么音乐。茶的冲泡（含抹茶的搅击）表现了看得到的美感与境界，茶的品饮表现了看不到的香、味与茶性的美感与境界。屏除了繁复的环境景物与声响，反而更能专心于“茶”的本身。这样的“单纯”性，我们称之为“纯品茗的抽象之美”。

上述的“单纯”尚包含了泡茶与品饮，有人会认为“泡茶”不够抽象，所以在谈论这个理念之时，我们只用了“纯品茗的抽象之美”。但在倡导这个理念之时，我们必须把“泡茶”也加进来，让茶汤变得更完整一些。

音乐也谈“纯音乐”，指纯就乐声来欣赏者；相对的是“标题音乐”，则是以乐声来表现如春天、流水、命运等具象之事物。就音乐的抽象性，纯音乐是强于标题音乐的。反观茶道，仅就茶汤的品饮，已足以悠游于茶界，若加上茶席的茶道表演，那就是要说一段故事了。

上述提到“茶道的美感与思想境界可以单纯从茶汤获得”的这个观念，在一次韩国茶人组团来访的时候（2005 年 3 月 14 日）提出与大家分享，玄锋法师当场就称呼这样的茶道思想模式为“纯茶道”。

茶叶第二生命周期的五个生命状态

我们喝茶要从茶的四个生命周期认识它，第一个生命周期是它生长在茶树的阶段，受到地理环境、天候、耕种方式、品种的影响。第二个生命周期是从鲜叶被采摘下来到被制成可以拿来泡饮的“茶叶”，这受到制茶技术与气候的影响。第三个生命周期是茶叶被拿来调制成饮料或制成食品，这个周期最重要的生命角色是茶汤。第四个生命周期是茶叶被浸泡成茶汤之后所呈现的叶底，除摊开身躯供人们欣赏与了解茶的前世今生外，就是准备分解成各种基本元素回归到大地。

第二个生命周期的茶叶被制成后，它有五个“存在”的生命状态：

第一个存在的生命状态是“原型”，也就是茶叶被初制完成的状态，它可以被制成绿茶，可以被制成黄茶、白茶、青茶、红茶、黑茶等。这里所说的原型茶类型只是粗略地分类，制作时是会依实际所需制成更细的形态，如绿茶类的龙井、碧螺春等，白茶类的白牡丹、寿眉等。茶叶被制成这些种类之后，它就变成了可以在市面上流通的商品。

茶叶第二个存在的生命状态是“熟化”。就是把制成的原型茶拿来用“火”（即“热”）改变它的品质特性，使茶叶变成具有熟香，茶性变得较为温暖。原型茶是不会有火香与温暖感的，只有显得较为寒凉。我们可以挑选适合以“焙火”加工的茶类（通常是以成熟叶为主要原料制成的茶类），以各种焙火的方式把茶加工成各种熟火程度与茶性的茶叶。例如焙成三分火、五分火、八分火，可以一次焙足，可以分次烘焙，可以一次焙个几小时，可以用电热，可以用炭热，还会留下焙茶师傅的味道，有些客户固定到某家茶行买茶就是要这家茶行焙茶师傅的味道。

茶叶的第三个存在的生命状态是“陈化”。就是把原型茶拿来存放，放久了，茶叶会变成另外一种风味，香与味显得醇与沉，对身体的寒凉效应降低。有些茶适宜一两年的短期陈化，有些茶要十年、二十年才见效果。

这里所说的陈化是泛指各类茶的存放，不只是指后发酵茶而已。当然不同茶类的陈放有其不同的温湿度、容器及环境的要求，存放的目的在陈化，陈化的效果取决于存放的方式与饮用者的需求。

茶叶的第四个存在的生命状态是“黑化”。利用堆放与温湿度的掌控，让茶叶借助微生物的滋长起到程度不一的后发酵作用。这时候的茶叶外观色泽变黑，汤色变红，原本强劲、野性的香气与滋味变得温和可口（“黑化”通常应用于较强劲的原型茶上）。黑化后的茶可即行饮用，也可以继续存放，让后发酵继续进行。

“黑化”的生命状态会与下一个“再发酵”的生命状态起到一定程

度的交叉。当堆放、温湿度的掌控效应减弱到一定程度后，就变成了仅是“再发酵”的状态。

茶叶第五个存在的生命状态是“再发酵”。将没什么发酵的原型茶（或简单说是未发酵茶），透过茶叶与环境温湿度的掌控，促使某些微生物在茶叶中生长，起到“再发酵”的作用。这样的茶叶变化是属于后发酵，可以有适度的渥堆，但不以“渥堆”为先决手段（否则就归到了“黑化”），随后历经漫长岁月的存放让茶叶发酵。这时茶叶的外观色泽变成或深或浅的褐色，茶汤也因后发酵的程度呈现不同的红色，香气与滋味表现出强弱不一的醇和度。

综合观之，茶叶第二生命周期的五个生命状态是茶叶制作中的“加工”所造成，但这五个生命状态都会在漫长的岁月中，因人为或只是自然地存放，产生相当大的变化。虽然我们依旧说它是茶叶的第二个生命周期，但事实上它是起到了另一阶段的蜕变。

象征性的动作直接以必要的过程呈现

取下茶巾，仪式感地折成一小块，擦拭着泡茶用小茶罐，擦的时候是在茶罐盖子上轻轻地划二下（生怕擦伤了罐子似的），换个茶巾折叠的角度，在罐身上绕一圈，代表着擦拭了罐子的身体。放下茶罐，拿起茶杓，从折叠的茶巾轻按杓柄两下，然后移动到茶杓的头部，再以轻夹的方式擦拭。就这样完成了第一回合的茶具清洁，我们看得出这些动作是在擦心，既然泡茶席上这么细心，泡茶席下真正清理的时候也一定是很仔细的。

接下来是把杯子摆设出来，拿着烧开的热水在每个杯子上斟上满满的一杯，特意让热水满溢杯口，倾斜杯身，再度倒掉杯里的热水，拿了另一条洁白的棉质茶巾，折叠成与刚才擦拭茶罐、茶杓一样的小方块，摊开对折的两面，夹住杯口，以旋转的方式擦拭杯口与内外杯身，最后翻转茶巾，以新的折面擦拭内侧底部，这样一个个擦拭，用以准备倒茶汤供客人饮用。当然也是洗心的意义大于洗杯，否则在茶席下清洗干净，烘干机烘干，也不必再有外物接触。

当泡茶喝茶完毕，还是要以同样的动作在泡茶席上将杯子清洗干净。这是心物清净的法门，如果是因为这款茶叶的茶汤需要特高的泡茶水温与特高的茶汤温度，那在置茶前要将茶壶与茶杯用高温的开水烫过，这又是属于泡茶的功夫了。

泡完茶，还得思考要不要在泡茶席上将用过的壶、盅、杯、托清理，持肯定的人认为是要的，否则不是虎头蛇尾了吗，而且还要一个动作一个动作做得很优雅，呈现对茶道修炼的功夫。持怀疑态度的人，认为这样的清洁工作就卫生要求而言是不够完善的，茶会以后还要送进水屋清理烘干，既然这样，为什么还要在泡席上操作一遍。

有些人认为所谓茶道就是要表现出喝茶在修身养性与为人处世上的功效，否则仅是泡茶喝茶哪里称得上“道”？于是泡茶上象征性的动作就被设计了出来，如上述所说的清洁茶罐、茶杓、茶杯的动作，即使已经在茶会之前清理干净，在泡茶席上还是要做出时时勤拂拭的功夫。泡茶奉茶喝茶过后又在泡茶席上很有仪式感地去渣、涮壶、清盅、清杯，虽然知道这样做达不到饮食具卫生的要求，但还是要用一条洁白的茶巾擦拭每个杯子，每个杯子都要换个新的茶巾部位。明明茶会结束后还要送进水屋清洗，仍然要在茶席上将杯子倒扣在杯托上以示勿使惹尘埃。

我们如果把茶道解释为泡茶、奉茶、喝茶之道，不将修身养性、为人处世的道理包含进去，不将茶席装饰、配乐、穿着、肢体动作包括进去，也就是只回归到了茶叶、茶汤的本身，那泡茶席上的时间就要全放在茶叶茶汤美感与整体艺术性的表现与欣赏上。从茶叶茶具泡茶用水的选择、茶叶的认知、水温的判断、茶水比例与浸泡时间的拿捏、茶汤色香味性的呈现、茶汤的传递、茶叶茶汤叶底的欣赏，要在四十五分钟完成一次茶会的进行（适当的茶会时间），已经是很沉重的负担，不止泡茶的人忙，喝茶的人也不能松懈，如果还要把泡茶席上的时间用来从事修身养性为人处世的功课，是无法完成任务的。进一步说，也会模糊茶道艺术与修身养性各自的焦点，泡茶喝茶是走在修身的路上还是踏在艺术的道上要分辨清楚，两者有交叉的地方，但毕竟是两个不同的领域。

泡茶席上几个值得省思的问题

当我们坐下来准备喝茶，一位负责泡茶的人匆匆忙忙地跑过来，坐下后拿起泡茶桌上的毛巾擦了擦手。应该是刚忙过什么事的样子。接着就把放在炉上的小锅子注满了水，打开瓦斯开关将水煮开，用竹夹子将排放在大碗上的杯子一个个放入锅子内，煮了一会儿夹出放在客人的面前，接着还煮了茶壶煮了茶盅。

我们是多么希望在坐定以后，泡茶者是气定神闲地走出来，与我们打招呼，坐下来开始泡茶。我们并不是要泡茶者先坐在泡茶席上等我们，我们知道应该尊重泡茶者的专业，他们不是来侍候我们喝茶的，他们是泡茶师，是为呈现泡茶、奉茶，以及茶汤之美的专业人士。

我们希望泡茶者事先已清洗、烘干好茶具，不需要在品茗者面前从事这些煮茶具的工作。我们从泡茶席的整齐清洁、从泡茶者的穿着举止、从各项茶具摆放出来的风采，我们知道那是干净卫生的，是专业的，是值得信赖的，如果连这一点都做不到，还谈什么生活品质，还谈什么茶道呢。

有些泡茶席上装了供应热水的水喉，手一按就可以提壶冲茶，姑且不说水喉的位置与造型是否配合泡茶的美感，只是看不出可以调控水温的设备，就让人怀疑是否可以把茶泡好了。因为不可能什么茶，或是同一壶茶的数道茶汤都使用同样的水温。现在的煮水器是可以设计成瞬间调控成不同温度的，或是同一个煮水器有数个不同温度的出水口，可以使用这样的设备，但是一定要规划成美观又方便的样子。

很多家庭与卖场的泡茶席，摆设茶具的地方是一个颇大面积的木制或金属泡茶盘，泡茶盘靠近泡茶者的一方安插了一条排水管，直通到泡茶桌下的水桶。使用者认为这才方便，尤其是一天要接待很多人喝茶的时候。但是看来是有点粗糙，如果再加上泡茶时又是温壶、又是温盅、又是烫杯、又是淋壶，真是水流个不停。我还特别舍不得这些水，讲究泡茶用水的人，这些水可能是买来的、可能是远地运回来的、可能是精心处理过的，都是高价又珍贵。

如果省略掉温壶、温盅、烫杯、淋壶，就可以节省许多泡茶用水，泡茶盘上也不会到处湿淋淋的，也不会有那么多水需要倾倒。事实上温壶、温盅、烫杯、淋壶是可以省略的，除非需要特高温的茶才需要将壶温热，避免降低了泡茶的水温。泡茶结束后也不必在泡茶席上清理茶具，喝完最后一道茶，赏完叶底就是茶会的结束，将茶具送回水间清洗。

泡茶喝茶前就摆出了一盘盘的茶食，品茗者就座后，不论泡茶者是否已经到位，就开始吃了起来，当泡茶者开始泡茶，啃瓜子声依然不断，嘴巴咀嚼个不停。这个现象代表着什么，代表着泡茶喝茶还没有被当作独立的一种生活艺术看待，只是其他活动的陪伴角色，看戏喝茶、下棋喝茶、读书喝茶，都是属于这个范畴。这个场景依然可以存在，但是希望另一个场景产生，那是泡茶者与品茗者专心欣赏、体会泡茶、奉茶、喝茶的美，茶食是在几道茶汤之间用于提高香味感受度而提供的，只是精致的一小口，不必咬食半天，食用后不留痕迹地回到喝茶的主轴，继续品赏另一道茶汤、欣赏泡茶用水、欣赏被泡开的叶底。

第二章　茶道艺术的实践

茶艺与茶道的同与异

就字面来看，茶艺是泡茶的技艺，茶道是泡茶喝茶的道理。泡茶喝茶的行为应该说成茶艺还是茶道？如果就现今我们的泡茶喝茶来对应这两个名词，应该属于茶艺，但是茶界的人又希望他们从事的茶事活动包含泡茶喝茶的哲理在内，若只是泡茶的技艺很怕被讥为雕虫小技，总要说些经国济世、修身养性的道理才足以显现它的学科价值。于是选用词汇的时候就斟酌于茶艺与茶道之间了。

但是茶界的人又不想直接使用茶道，因为用了茶道就要说很多哲理，况且目前泡茶喝茶的“纯艺术”内涵又尚未发展成熟，又不想虚置泡茶喝茶的艺术而只是悬空地往上搭建哲思的部分。如果再考虑到茶道已在其他地方被深度使用，更多的人就要支持使用茶艺这个词汇了。

使用了茶艺或茶道这样的词汇，是不是就要依着字面的意义去实践、去发展呢？词汇是人们创建的，用以表达现今的社会现象或人们正在从事的行为，当要表达的内涵改变了以后，词汇的意义也会跟着改变的。茶艺的原本意义是偏向于泡茶的技艺，但是我们认为泡茶喝茶不仅于此，泡茶的技艺只是茶艺这部“车子”的底盘，还要装配上美学、艺术与思想这样的“车厢”，才能发挥这部车子的功能。

如果使用了茶道这个词汇，也不是只“借茶发挥”，放下茶的本体而谈生命哲学、修身养性与为人处世的道理。茶道所谈的道应该是制茶、泡茶、奉茶、喝茶的道，包括它们的方法与包含在内的审美、艺术与思想，这样的道才更符合茶道的道。否则失掉了上述所说的“汽车底盘”的动力，再深厚的哲理也失掉它应该归属与依托的媒介。

这样说来，茶艺与茶道是可以互用的，当我们使用茶艺时，也含有茶道的道；当我们使用茶道时，也含有茶艺的技与艺。

不管使用的是茶艺还是茶道，都要以茶为主题，只有借茶发挥出来的才叫茶艺或茶道，如果泡茶的时候只是关心自己的姿态，担心动作是否优美、拍照或录影的效果是否完好，那是肢体的表现，是属于舞蹈的范畴。如果奉茶的时候只关注到礼节与自身的修养，那是社交的部分。如果喝茶的时候只重视是否为名优茶、是否产于有名的茶区、市面流通的价位如何，那是产业行销的问题，都与喝“茶”的本身远矣。

从事茶艺或茶道的时候，“泡茶”是处处为泡出一杯“这壶茶”最好的茶汤而努力，并提供品茗者观看茶叶、品尝泡茶用水、食用茶食增进口腔的尝味效果以及观赏叶底的机会。“奉茶”的时候是为忠实传递“茶汤品质”到品茗者的鼻前、口中而做，这关乎奉茶时的专注与品茗杯的材质。“喝茶”的时候是专心于欣赏与享用茶汤的色、香、味、性，这时的背景音乐、茶席上的花、泡茶者对茶的讲解、大家对茶济世功能与修身养性的谈论都是多余的。

茶艺或茶道的本来面目就如同上述，而不是将茶放在一边，只为说道而道，而是只做茶的道，也就是泡茶、奉茶、喝茶的道，而不是将其他艺术与学科领域的美学、艺术思想，以及各项学科共同拥有的道德修养归入茶艺或茶道的范畴，这样的茶之纯度才更促使茶在饮用上的有形物质与无形精神上更加丰实。

茶道艺术是美育的一大内涵

美育是美学教育，用于提升人们的审美能力，相关的学科是“美学”与“艺术”，美学是理论，艺术是应用。“茶道艺术”是诸多艺术门类中的一项。

特别强调“美”的艺术有绘画、音乐、舞蹈、戏剧、雕塑等，这几项是透过视觉与听觉感知到的美；还有品酒、烹饪、茶道等，是透过嗅觉与味觉感知到的美；文学则是透过文字含义感知的美。视觉听觉感知的美我们比较熟悉，因为这些课程我们受教的机会多，文学也是从小就必修的科目，然而香、味的感知能力却还没有被当作一门课程放在学校的课表里面。我们会有烹饪、品酒、茶道等课程，但都太偏向它们在视觉呈现的效果上，嗅觉、味觉上的科研与享用尚少人探究。

我们谈美育，一开始总是偏重于美术教育，但是随之而起的应该是全面的美学。全面的美育不只是培养专业人才，而是人们审美能力的提升。有一次到一间颇有代表性的现代美术馆参观，几位高中模样的学生看得津津有味，另外一群人就只是嘈杂地走过来，还听到有人说“不知道画些什么，连画好一个人的功底都没有”。没有美学素养的人，虽然慕名去了有名的歌剧院，但是在门厅赞叹、拍照以后，当戏码上演不到十分钟就睡着了。

全面美育的基础课程是美学概论与艺术欣赏，全面的美学与全面的美育一开始教育与学习的范围就要包括视觉、听觉、嗅觉、味觉与意识上的美，它的具体项目就是绘画、音乐、舞蹈、戏剧、雕塑、品酒、烹饪、茶道等。如果只是会看会听，但忽略了欣赏香气与滋味的机会，在感官的成长上是半聋半瞎的。我们看到一位导游费尽力气订好了一间能做好美食的餐厅，但团员在半小时还没有上菜的时候，就开始抱怨浪费了他们观光的时间。

依循着进展的自然轨迹，茶道艺术的发展亦是视觉与听觉抢先于嗅觉与味觉、道德意识抢先于审美意识。所以茶道艺术目前呈现的是重视茶席的设置、泡茶者服仪与泡茶动作的优美、茶道在修身养性上的功效、茶叶的色泽与造型之美，至于香、味的探究，尚停留在商品的审评与对样、定价之上。利用美育的机会，提醒人们茶叶与茶汤色香味性的欣赏是茶道艺术的主轴，茶友们要陶醉于茶叶变成茶汤以后所产生出来的多彩多姿的香气与滋味，再享受泡茶动作之美、茶席之美，以及茶叶的美色、价格，与修养上的附加价值。

美育的实施从学校做起最为有效，开设有艺术专业的学校，绘画、音乐、舞蹈等课程就是它的美育特色，当学校开设的是与茶有关的专业，那它的美育突出点就可以放在“茶道艺术”上，不必特意去拿绘画、音乐、舞蹈等作为美育的课程，只要将课程的设置特别关注到泡茶、奉茶、喝茶、品茶，以及茶席设置上的视觉、嗅觉、味觉之审美即可。在课程设置上若能再加上“艺术欣赏”，那就更能够借鉴于其他艺术项目如绘画、音乐、舞蹈、戏剧、雕塑、文学，让美学的观念更为清楚、艺术的应用更为熟练。

美育的具体成效显现在生活素质提高、购买优良产品能力提升、产品的设计重视了创新与艺术性，这是相互循环相互作用的。我们从带动国际服装流行、家电及汽车造型的地方可以发现，他们的生活环境是优美的、艺术活动是蓬勃的，他们重视学校美育从小开始，而且已经有漫长的历史，积累至今，审美能力与艺术表达能力普遍存在于人们心中，即使不再提出美育这项行动，美育也存在于人们成长的各个环节之中。

茶道艺术对形式与内容的三大要求

如果把“茶道”从泡茶到奉茶、从奉茶到喝茶当作一件艺术作品看待，首先我们会想到这项艺术是比较像舞蹈音乐一样的动态性艺术，还是比较像绘画雕塑一样的静态性艺术？比较像绘画音乐一样用眼睛耳朵欣赏的艺术，还是比较像烹饪香道一样用口鼻来欣赏的艺术？冷静思考的结果，茶道好像是比较像舞蹈音乐一样的动态性艺术，也好像比较像利用口鼻欣赏的艺术，虽然利用视觉看的也不少，如欣赏泡茶奉茶的动作、欣赏茶叶的外观与汤色。

茶道艺术最主要的特质就是属于口鼻的艺术，嗅觉与味觉是主要的感受器官，视觉排列在第二，触觉在触摸茶叶与叶底时用得到，听觉就用得很少了，只是泡茶与水的声音，播放音乐已经不是茶道艺术的部分。

艺术有它的共相，当茶道归入艺术之列时，也会显现这个共相，就是题目所谓“形式与内容的三大要求”。

第一是只管自己，不太受外界的影响，尤其是指受众，也就是这项艺术要让谁来欣赏、让谁来享用？怎么说只管自己不受外界的影响呢，市场需要怎样的作品，不是就应该多多生产这样的产品吗？不是的，艺术不能关注这一些，创作者只顾创作，只顾呈现自己想要表现的内容。你说这种态度是市场的毒药，不值得鼓励，但是如果不是这样，艺术就会丧失它最珍贵的历史价值。所以茶道艺术创作时，不要在乎现在流行什么做法，不要在乎我是在为怎样的受众服务。

第二是不能要求一定要使用怎样的泡茶方法。泡茶的方法包括所使用的茶具，都只是手段而已，艺术要的是创作自己的艺术作品，手段加以限制，也就限制了艺术作品的创作。这也就是无我茶会所说的“茶具自备，无地域与流派之分”。若规定使用现场提供的茶具，无非是比赛的时候，要凸显参赛者应用各款茶具的能力。泡茶方法还包括了茶汤与动作的风格，所以更不可以规定使用怎样的茶水比例、双手应该怎样放置、提水壶要使用哪一只手。

不能要求大家都画油画或水墨画，也不应该要求大家都画风景或人物。前者是上一段我们说的泡茶方法，不可以加以限制，后者是茶道艺术对形式与内容的第三大要求，借以表现艺术内涵的媒介，也就是各种茶叶，也不可以加以限制。进一步说，“茶叶品质”关系到作品的好坏，茶道艺术是口鼻的艺术，艺术作品是要借吸进、喝进身体的感受来呈现艺术内涵的，媒介本身的质量就直接左右到茶道艺术作品的好坏。所以如果这样说是不对的：“我泡的茶是好茶（比如说成是比赛的冠军茶），我的茶道艺术作品是一流的”。

在艺术表现的媒介上，其品质的优劣就是艺术作品质量的一部分吗？就这一点，我们不可以说：“你画了一位大大的伟人，所以这一幅画是名画。”但是我们可以这么说：“你弹奏了一首粗陋的曲子，你的音乐不可能有太高的欣赏价值”“你煮了一条不新鲜的鱼，你的这道烹饪作品不可能进入优良作品之列”“你泡了一款色香味性皆不怎么出色的茶叶，虽然你的泡茶、奉茶动作与茶道思想表现得不错，但是茶道艺术在茶的口鼻欣赏与享用，你的茶道艺术作品成绩不佳”。

曲子没有写好，演奏或演唱时很难不理它而自行表现。食材不新鲜，烹调的技术只能改善一部分，真正的美味是难能呈现的。茶叶没做好，根本就没有好的香气与滋味，茶道艺术家如何呈现让人赞叹的茶汤作品？

大众化喝茶与艺术性茶道同时存在

这是多元文化的自然现象，也是自然生态文明的必然景观，以这样的观点来检视茶文化，茶文化的各种现象与演变就更清楚。

泡茶的演变是不是总是先将第一道茶汤倒掉不喝，因为大家认为要先将茶叶冲洗一下，等到茶文化发展到一定程度，大家才改掉这种习惯呢？我认为不完全是的，有些人是因为先前的制茶界不够讲究卫生，所以泡茶时要先冲掉一次，等到他知道这样的冲掉一次会损失掉许多的香气与有益的成分，而且知道了现在的制茶业已普遍讲求卫生，他才改掉第一道不喝的习惯。但是有些人是因为习惯性的做法，他并不是认为干茶不卫生，只是他喜欢先冲掉一次再喝的感觉。这种人自古有之，而且未来也会继续有人这样做。

茶文化的进展是不是总是先从普及化、大众化的喝茶开始，等到这个社会群体的文化发展到一定程度后才进入精致的品茗阶段？我也不以为然，在喝茶文化才开始传播的时候，就有人体悟到了茶的美感与精神层面，同样的那个时候，很多人是以喝普通饮料的态度对待，这些只当喝普通饮料的人在接触到以品茶方式喝茶的人后，会学到喝茶的新方法，但还是有人只是摆个样子，事实上仍然是粗饮的方式，这种现象在今日我们努力发展茶文化之后，仍然会是如此的。

茶会进行时是不是要专心泡茶、专心奉茶、专心品茶，不可以说话？这些项目没有人规定，喝茶本来就可以说话的，一定是一面喝茶一面聊天谈事情，直到泡茶与喝茶的人都被茶的香气与美味吸引住了，或同时体会到泡茶、奉茶、喝茶间的独特境界，这时才专注起泡茶的动作、注意到奉茶时特有的“茶汤传递”功能、茶汤在色香味性上呈现的美感，这时方才忘掉了讲话，也来不及再吟诗作对。喝茶间的艺术性不是每一个人都体会到的，当他还没有把注意力专注在泡茶、奉茶、品茶的美感之时，说话、聊天、解决日常的纷争就是茶会期间相伴的事务。

上面提到大众化喝茶与艺术性茶道是同时存在，不是先是大众化喝茶，等文明发展到一定程度后才演变到艺术性茶道。这是文化多元性的本质，也是文化健全发展的自然生态，我们通常以为艺术性茶道是进步的象征，而要将大众化喝茶转换成艺术性茶道，而且人类总是向前、向更高度文明前进的，所以艺术性茶道变成了教育的目标，变成了大家学习的方向。

我们要大家把第一道茶汤直接泡到所要的浓度，把它当作第一件茶汤作品喝掉，除了第一道倒掉确实把很多香气与成分丢弃外，还会暗示着人们，泡茶之前要先将茶叶冲洗一下，结果大家对茶不够有信心，也让生产线对茶叶的卫生掉以轻心，认为喝茶之前还有一道洗茶可以把关。为了茶产业的发展，我们要大家改掉第一道茶汤不喝的习惯。

普及化的茶文化推广与艺术性茶道的推广是要同步进行，不是等喝茶普及后才推动艺术性茶道的。一方面人们对普及性喝茶与艺术性喝茶有不同的需求，另一方面艺术性茶道的发展有利于茶文化的提升，就如同音乐科系的设置并不是要大家都去当音乐家，但是可以提高人们创作普及性歌曲与欣赏音乐的能力，同时也带动了音乐产业的发展。

泡茶喝茶时不闲聊，是要大家专心于茶道艺术的创作与享用，使得生活中除了音乐、绘画、戏剧、文学之外又多了一项喝茶的艺术。让广大的人群能多一项艺术项目可以享用，是要教育与主动推广的，无法仅是依赖原本对泡茶奉茶喝茶有独特感应的人群自然地去感染别人。

茶道、茶道艺术、美、艺术四者的关系

一、喝茶（即茶道与茶道艺术）为什么要谈美与艺术?

喝茶之道就是茶道，“茶道”里面包含了“茶道艺术”。

要说清楚“茶道艺术”必须说清楚“艺术”，要说清楚艺术必须说清楚“美”。

茶道之精者为茶道艺术，美之精者为艺术，如果没有把美与艺术说清楚，将无法说清楚茶道与茶道艺术。

二、美的定义

通常我们说“美”是指看了赏心悦目。事实上美有狭义与广义的解释，狭义的解释就是看起来、听起来、摸起来、想起来觉得很愉悦，如一块刨得光滑、纹理漂亮的桌面；广义的美包含了不是赏心悦目的项目，这时除了上述的那块桌面外，尚包含了已经龟裂、表面被腐蚀得斑驳点点，但有它的个性、依稀显现坚强木纹肌理的一块漂流木。

狭义的美多关注在视觉的愉悦，广义的美则扩展到触觉、听觉、嗅觉、味觉、意识等其他感官。狭义的美多限于形容具象的事物，如人体的美；广义的美则及于抽象的事物，如不知何物发出的悦耳声音。狭义的美多用于形容自然存在的事物，如风景的美；广义的美还用于形容人们创作的绘画、音乐、舞蹈等。

上面这段话隐约看到了几个重点，一是美包括了非赏心悦目的美；二是不限于看到的，还包括听到的、摸到的、喝到的，等等；三是不只针对具象的事物，还包括抽象的事物；四是不只限于自然存在的美，还包括人为创作的美；五是虽说美包括了非赏心悦目之美，但终究要是正面的，让人心生恐惧、恶心者，我们就不用美这个词汇了。

美引发的愉悦情绪也是做广义的解释，包括激昂、寂、拙、清新等。美的风景让人愉悦，狂风大浪打击着岸礁，让人兴起激昂的情绪也是一种美。草庵式茶道给人空寂的情绪也是一种美。不流畅的笔触，但充满着感情，给人“拙”的趣味，也是一种美。从未看过或听过的表现手法所画出的画、谱成的音乐，给人“清新”的感觉也是一种美。

三、艺术的定义

艺术是呈现“美”的“人为”作品，而且所呈现的美还要有一定的品质，如果显现得不够美，我们还不称它为艺术。

美是自然存在的（而且要称得上美），艺术是人们创作的（也要有足够的美），美丽的风景是自然存在的美，画家画的一幅同样地点的风景画，如果美的浓度够高的话就是艺术。这里所说的美的浓度是包括画者的境界与思想，不能只是抄袭自然的美景（否则不是只要称得上美的风景，抄袭下来就成了艺术？）。

四、美与艺术的关系

如果把美与艺术用两个圆圈来代表，美与艺术的两个圆圈不是部分交叉的两个圈圈，而是两个不一样大小的圆圈，小的圆圈在大的圆圈内，边缘相切，大的圈圈是“美”，小的圈圈是“艺术”。

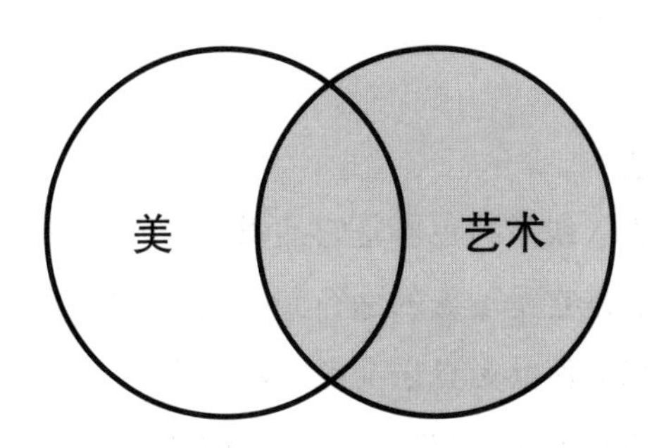

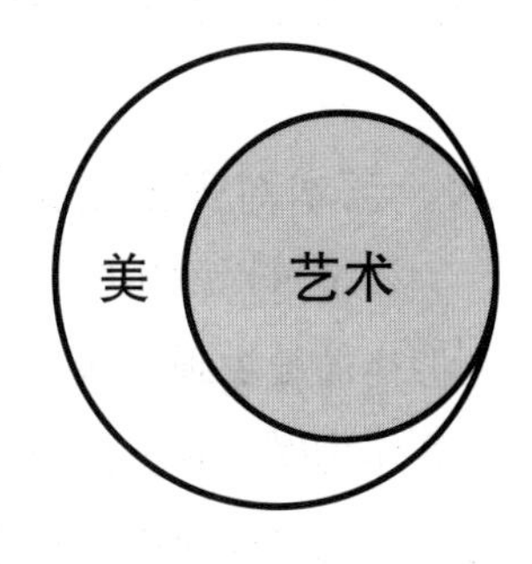

上图之左边，两个交叉的圈圈表示只有部分是从属的关系，艺术只是呈现部分的美，还有其他的部分不是呈现美。右边，两个在内相切的圈圈，小一点的“艺术”在大一点的“美”里面，表示艺术都是在呈现美，只是呈现出特别美且另带人性的美而已。

这是我们要强调的理念：“我们要认识美、享受美，我们要以‘艺术’创造更多不是自然存在的美。”有人说你不可能创造比自然存在的美更美的事物了，但是我们认为艺术要创造非自然存在的美，而且还要美到一定程度才可以。不要认为人是自然的产物，所以不可能创造非自然存在的美（否则艺术没有存在的空间）。

五、美的被感知与传递途径

美是透过形、色、声音、香气、滋味、质感、性格、意识等媒介被人们感知的，人们接受这些信息的管道则是视觉、听觉、嗅觉、味觉、触觉、意念。

我们先仅以具象的事物作例子说明上述的美被感知的媒介与传递的途径。如美丽的风景是以形与色作为媒介，透过视觉让我们接受；悦耳的鸟叫是以声音，透过听觉让我们接受；美的气味与滋味是透过嗅觉与味觉让我们接受；美丽的人体除了视觉的部分，还可以以质感、性格，透过触觉、意识让我们接受；放鞭炮的喜庆之美，除了形象与声音之外，是透过意念让我们接受，这意念尚包括了记忆，即使已没有了鞭炮的声影，但还是很容易意识到那种喜庆的气氛。所以我们在谈到美的时候，要把这些处在四面八方的美都包罗进来。

六、艺术对美呈现的媒介与途径

艺术可以应用线条与色彩表现美（线条与色彩是它的媒介），所成就的作品是绘画、雕塑、建筑等（这是它呈现美的途径）；也可以应用声音作为媒介表现声音的美，所成就的作品是音乐（还有戏剧中的一部分）；也可以应用气与味的单个或两者表现气与味的美，所成就的作品是茶汤、香水、烹饪（烹饪还包括咀嚼的触感）；还可以利用触感表现肌理的美，完成的作品是雕塑、壁面、人体，这时可不完全依赖触感，透过视觉也可以感悟到。艺术也可以透过想象，在绘画、音乐、戏剧、舞蹈所应用的线条、色彩、触感之外，再以意念衍生出意识方面的美，如舞台上呈现的是夜色的美，但作者想要表达的还有杳无音信的伤感。

艺术所呈现的美包括了具象的美与抽象的美，具象的美是我们常见的美，如风景的美、人体的美、鸟叫的美；抽象的美是我们不常见的线条、色彩、声音等的组合，要在我们熟悉了美的抽象语汇后才容易体会。

艺术对不赏心悦目之美的呈现是指什么呢？是指丑、哀伤、残忍、恶心，那怎能说是美呢？通常在写历史、做报道、举办展览时才会忠实地描述这些情景，如果艺术创作者要以这些作为题材，就要设法脱离丑、哀伤、残忍、恶心的情绪，让它们极为冷静、理性地呈现，变得是以"激昂"的情绪传递给"艺术作品"的观赏者。这些都是一种冷酷、凄凉的境界，属于悲剧的美。我们可能不会把这样的艺术作品一直挂在自家的客厅，但无须逃避这种艺术的存在。

七、美有没有形成的规律

自古就有很多人研究要怎样才会美，提出了比例、对称、秩序、和谐等概念。个别诠释都有道理，但是不论是自然的美，还是人为创造的艺术之美，都是多重因子的组合，而且美还不只是被解释为赏心悦目，艺术的美还强调创作，还不得抄袭自然存在的美，所以美的规律变得是可以忽略的法则。

八、美的存在

美是独立存在于自然与艺术之中，我们找寻它们、欣赏它们时不要受到欲望、好恶、认知、社会意义等的干扰，如欣赏人体的美，不要受到性欲与社会道德的影响，否则无法找到仅凭线条、肌理、色泽构成的美。如欣赏书法的美，不要因为看不懂它在写什么而说它是涂鸦，美是无法像读一份"合同"般地认识它的。

我们要让美独立存在于自然与艺术之中，尊重它的存在，尊重它的独立性。

九、美与艺术的层次

自然存在的美与艺术创作的美都有不同的层次，有的很美，有的普通，有的不怎么样。人们认识它的能力也有层次之分，很美的美在有些人的心目中是不被认知的，不怎样的美却有很多人捧场。这是因为美的层次没有一定标准吗？不是的，是人们认知美的能力没有一定的标准。美的标准不像重量那样容易衡量，但是在经过时间、智慧的考验后会有准确评断的，这评断的方式不是第一名、第二名，而是极美、很美、普通美、不怎么美。

艺术的任务在呈现美，但如果是抄袭自然存在的美，或是创作出来的美很普通，或不怎么样美，我们不会说它是艺术。随便哼哼唱唱我们不会说那是音乐艺术，唱的人也不会被称为音乐家。没能掌握泡茶的技术，不知道茶汤的美存在于哪里，仅粗略地泡茶喝茶，我们不会说那是茶道艺术，也不会称泡茶的人为茶道艺术家。

十、美的教育与训练

对美的认识与欣赏是可以教育与训练的，有效的方法是“比较”，把各种不同种类的美（含艺术），取其不同层次者让大家比对，一段时间后会体会出差别的。最简单的例子是把两个不同造型美感的杯子放在茶几上天天使用，一段时间后会比较出它们在造型美感上的差异。再取两个呈现不同香味效果的杯子，也是天天装水或盛茶汤饮用，一段时间后也会比较出它们在香味美感呈现能力的差异。

十一、茶道艺术的美与艺术

“茶道艺术”是与“茶道”相对应的一个名词，将茶道之美呈现得好才被称为茶道艺术。如同美与艺术，也可以用两个圈圈来表示它们彼此之间的关系，右页图中左边相交的两个圈圈是错的，这样的茶道艺术不完全在呈现茶道的美，一定是夹杂了许多其他的外来元素（如背景音乐、插花、焚香等），右边在圈内相切的两个圈圈才是对的，这样的茶道艺术才是在呈现茶道较高层次的美。

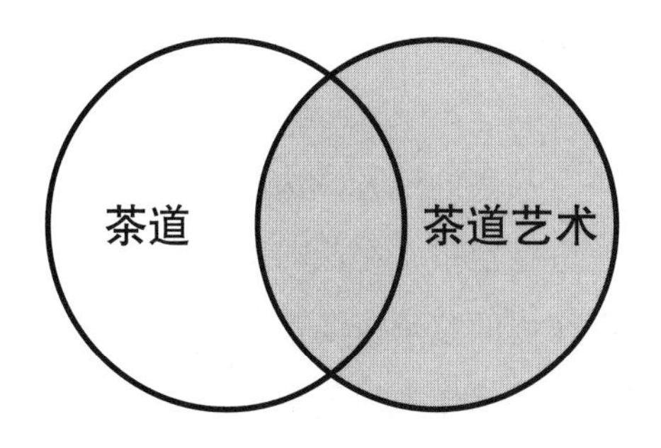

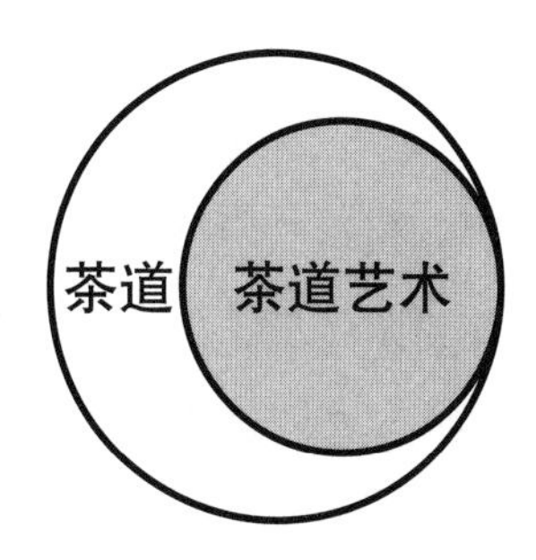

茶道与茶道艺术之美分散在泡茶、奉茶、茶汤之间。

“泡茶”的美在泡茶的动作、茶具的材质造型与色彩、泡茶者对茶认知的程度、泡茶者与品评者对泡茶技术的理解与专注的程度、茶叶的外形与色泽（泡茶前有赏茶的时间）。

“奉茶”的美在泡茶者倒茶与分茶时的美、在奉茶时的专注、在茶杯的造型与色彩。

“茶汤”的美在茶汤的色、香、味、性，在水的品质，在杯子的材质，在泡茶的技术，在泡茶者与品茗者对茶的理解，在茶叶被泡开后展现的形态与色泽变化（品茗后有赏叶底的时间）。如果供应茶食，还包括茶食之美。

茶道的美，借着茶的色、香、味、性、质感，借着泡茶者的性格、境界、思想等，透过视觉、嗅觉、味觉、触觉、意识等管道传递了愉悦、空寂、拙、清新的美。

“愉悦”是茶被喜欢的主要原因，“空寂”也是茶道常有的美感境界，因为茶汤含有先天性的苦与涩。“拙”是有些泡茶者与器物呈现的效果，“清新”则是在一种制作得很好的新茶出现时，常在茶汤中发现。泡茶的人察觉了这些美的踪迹后，将之呈现，并融入自己的境界与思想，即成就了茶道艺术。

茶道艺术与装置艺术

呈现茶道艺术要有一个泡茶、奉茶、品茶的地方，这个地方我们叫作“茶席”。最小的范围是摆放茶具、进行泡茶、在此喝茶的地方，可称呼它是“泡茶席”；如果包含泡茶席在内的整个房间都作为呈现茶道艺术使用，就叫它“茶室”；如果整个屋子都作为呈现茶道艺术使用，例如还有水屋、衣帽间、茶庭等，就叫“茶屋”。

人们往往不会让这些地方只有茶具、茶叶、水、人，不是说不可以，是常常不够勇敢地这样做。于是要插盆花、摆上一块石头、铺上美美的桌布，甚或点炉香、配上音乐，认为这是在营造一个有艺术氛围的品茗环境。早先（25年前），茶界将经常出现在茶席上的挂画、插花、焚香、点茶称为“四艺”，作为这些装饰的注脚。到了现在，人们已觉得只是“装饰”不具艺术效应，于是提出“装置艺术”，企图将这些摆置整合成一个有艺术意识的项目。

装置艺术是以“摆置”为媒介创作出的艺术作品，在艺术上已是成熟的一种艺术形态，茶道界轻而易举地可以更有机、有效地整合茶席上的这些布置成为这一种艺术项目，甚至反其道地将茶具、茶叶、水、人都归入这种艺术项目。有了装置艺术的加持，提升了茶席设置者的信心，可预见的未来，以装置艺术整合茶席，将茶席甚至将泡茶、奉茶、品茶作为装置艺术来呈现，会是大家趋之若鹜的做法。

茶道艺术是一种艺术形态，绘画、音乐、舞蹈也是另外一种艺术形态。茶道艺术是借着茶席上的茶具、茶叶、水、人，呈现泡茶、奉茶、品茶和茶道的内涵，将非泡茶时的茶席视为装置艺术没有不可，将泡茶、奉茶、品茶形成的茶道艺术作为装置艺术的一部分则不可，因为前者的主题是摆置，后者的主题是茶道。

没有泡茶的茶席不是茶道艺术，如果将茶席，甚或包括泡茶、奉茶、品茶都视为装置艺术的一部分，这时的泡茶、奉茶、喝茶是被视为动态的装置。那反过来说，茶道艺术能不能将装置艺术作为自身素材的一部分？不行，茶道艺术只能以泡茶、奉茶、品茶所需的茶具、茶叶、水、人来呈现，不能掺入额外的事物。将茶具、茶叶、水、人摆置妥当，将茶席设置妥当，将品茗环境塑造成该次茶道艺术所需的样子，这是茶道艺术的一部分，一切以该次茶道艺术为依归。若以装置艺术的形态出现，茶具、茶叶、水、人都要依装置艺术之所需，泡茶、奉茶、品茶也要依装置艺术的节奏进行。

有人认为只是泡泡茶喝喝茶有什么可以持续发展，有什么可以让人们继续享用的茶道艺术可言？甚至有人说泡茶喝茶已泡了三十年（指当代的茶文化而言），不能只是再泡茶喝茶了，该往新的方向发展。还认为，茶席上原有的四艺已不具时代感，要从前卫的装置艺术、观念艺术（如喝没有茶汤的茶）着手。或许结合四艺，装置艺术、观念艺术会有更多的群众，但每项艺术形态都需要有独立且完整的空间展现自己，茶道艺术要成就为一种独立的艺术形态，不要让它与其他已成熟的艺术项目挤在一起。茶道艺术有其完整且丰富的自主性，我们要确切地说：茶道艺术就只是泡泡茶喝喝茶。

茶道艺术的本体及其应用

“从美学、艺术的角度看茶道，泡茶奉茶品茗是茶道艺术的主体，我们要求要有茶道的纯度，不要有太多其他艺术门类的干扰，也不要太依赖非茶的事物。但茶道艺术借助什么把茶表现出来呢？”老师问学生。

“茶道艺术借着人、茶、器来表现。”学生回答道。

“人、茶、器是媒介，还要有个桥梁，这个桥梁是通往茶、通往茶汤的道路。有哪些表现茶道艺术的道路呢？”老师进一步解释与提问。

“各种泡茶法。”学生回答。

“对的，各种泡茶法。不同的场合要用不同的茶具与方法才能满足大家的喝茶要求，人少的时候使用小壶茶法或盖碗茶法，人多的时候使用大桶茶法，一天到晚随时喝茶的时候使用浓缩茶法，旅行的时候使用简便的旅行茶法或冷泡茶法，饮用粉末茶时使用抹茶法，饮用调味茶时使用调饮茶法，需要用煮的时候用煮茶法，仅有一件浸泡器时使用含叶茶法。这些泡茶法不但满足了大家喝茶的需求，也让茶道艺术有了表达的方式。”

“为什么不说茶道艺术是透过各种不同的茶叶来表现的呢？”学生追问道。

“泡茶方法是茶道艺术表现的手段，茶叶是茶道艺术的本体。方法可以不拘，本体只有一个。各种茶具、各种泡茶法都可以拿来冲泡各种茶叶，不是什么茶叶要用什么茶具、什么方法来冲泡。器与法是直接影响到茶的表现，但还不是茶道艺术的本体。”

“各种不同的茶叶不是也有各种不同的风格吗？”

“不同的茶叶各有不同的风味与个性，是茶道艺术想要表现的本体，人与茶具协助了表现，但是要透过各种泡茶方法（即道路）达到。”

茶道里的艺术内涵

我们说支撑茶文化的三根柱子是技能、思想、艺术，若仅就茶道里的艺术内涵而言，我们可以将茶道分成四个部分来解说，第一是泡茶，第二是奉茶，第三是品茗，第四是回顾。泡茶包括备具、备水、备茶、置茶、冲水、计时、倒茶、分茶、去渣、涮壶、归位，这些动作熟练后再融入自己的用心与美的意念，连贯起来自然是一种泡茶者服务于茶的肢体艺术表现。

奉茶这个部分代表着参与茶会诸人间的互动行为，包括请客人赏茶、请客人闻香、奉茶给客人、主客之间的交流、客人间的互动，这些行为组织起来是茶会主人与客人共同表现对茶关爱与享用的肢体语言。不只泡茶的人要注意泡茶的规范，喝茶的人也不能斜躺在椅子上接受奉茶，也不能只顾聊天而不专心喝茶。大家随意地喝茶是茶道的群体表现，经过长期茶道学习后才参加的茶会也是茶道的群体表现，大家心中有了共同的意念后参加的茶会，这件群体表现的作品便被赋予了艺术的灵魂。

泡茶奉茶不只是肢体的表现，很多时候人们认为肢体表演只是用眼睛看罢了，但是茶道不止这些，最明显的，茶道这个“表演”还要喝茶，而且茶要“真的”泡。泡茶奉茶只是一个茶道创作的过程，要“真的”泡“真的”喝了，才算是一件完整的茶道作品。人们一说起表演，就认为很多东西是可以“作假”的，大家不要误解泡茶只是在表演、泡茶可以不喝茶、茶泡得好不好无所谓，结果茶变成了假道具。

品茗这部分包含了赏茶的外观、从壶内闻茶的香气、欣赏茶汤的颜色、享受茶汤的香气、品尝茶汤的滋味、观赏茶叶被泡开后的叶底。如果我们以欣赏茶汤为例，茶汤就是泡茶者这个时候最后完成的一件作品，我们看茶汤、嗅茶汤、喝茶汤是茶道艺术的核心项目，就如同绘画艺术上在欣赏一幅画。如果再加上赏茶的外观、从壶内闻茶的香气、观赏茶叶被泡开后的叶底，就如同欣赏一件多面向的雕塑。茶汤的作品偏向抽象美的表现，我们无法从中发现人物、山水，但是从茶汤的色、香、味、温度、茶性、风格可以发掘、享受很多美感与境界。

回顾是指对“泡茶喝茶”（个人）或“茶会进行”（多人）从事整体的认识与评判，可以将之从头到尾视为更完整的一件茶道作品来欣赏，也可以侧重于茶道理念或风格的诠释。尤其茶道三根柱子之一的思想在全程茶事中才容易解读，如泡茶者要表现空寂之美、狂狷之美、禅学之境，或泡茶者想要表达茶道的精俭精神、茶道的文人气息、茶道的某一民俗理念。

至于茶席设置与品茗环境，我们可以将之视为茶道艺术的画布或舞台。当然也可以导入为茶道作品的一部分，因为它确实帮忙了表达茶道的美感与思想，但由于它必须与茶挂钩才能显现其茶道的意义，所以未将它列入茶道思想与艺术的本体，也未将它列入纯茶道的范畴。茶具则不然，茶具已是茶道作品的一部分，而且直接影响茶汤质量，如茶壶、茶杯的质地影响茶汤风格，煮水器烧出不同温度的热水，影响到泡出茶汤的香气与滋味。茶食是泡茶上的配角，它可以让泡茶生动一些，可以让欣赏某些茶汤时有更丰富的口感，可以让泡茶的人、参与茶会的人更有精神与体力。声响、音乐、配乐也是泡茶上的配角，泡茶上要不要应用它们要由泡茶者或茶会主人决定。

我们常用舞蹈来比喻泡茶的动作、用戏剧来比喻奉茶的过程、用画作来比喻泡成的茶汤，这只是就其共同的艺术性而言。这三种被比喻的艺术都只是“看”的，茶道则不是，若将茶道作为一种艺术，是就“茶被喝”的表现方式而言，而不是将茶脱离了被喝的状态而变成一种艺术。我们要用自己的茶道词汇去说茶道是怎样的一个艺术，我们将茶道与这三种艺术相提并论，只是想借大家比较熟悉的艺术项目来说明茶道的艺术内涵而已。

茶道艺术只是一部分人的追求吗

大家都知道茶道艺术，因为大家都知道什么是茶道，也都知道什么是艺术，所以一定知道什么是茶道艺术。这有点强词夺理，不是吗？我们就来说说这个。

很多人说我不懂艺术、我不喜欢艺术，艺术让人看了、听了想睡觉，倒不如娱乐界提供的那些节目让人兴高采烈。有人也说，音乐厅里的音乐、画廊里的绘画只是给自命不凡的人自己高兴而已。但这只是“普及度”的问题，不能推翻“大家都知道艺术”的命题。这里所说的“大家”是指整个“社会最终做出的结论”，如最终政府或民间还是决定花大钱盖了可以与别人媲美的音乐厅与美术馆。我们可以批评那只是为了装点门面，但为什么要装这种门面？为什么要花大钱邀请有名的交响乐团来演奏、邀请有名的画家来办展览？这说明了大家还是懂得、认可音乐艺术、绘画艺术的。

泡茶喝茶只是日常生活餐饮的一部分，何必说到艺术？每个人的年均饮茶量只要从600g增加到800g，就说明了茶文化的发展、生活品质的提升，对吗？相同的，烹饪也只是日常生活餐饮的一部分，何必说到烹饪艺术？歌唱也只是日常生活抒发情绪的一种方式，何必说到音乐艺术？但是大家都知道不同的人有不同的需求，有些人只要有茶喝就觉得满足了，有些人必须喝到艺术境地的茶才安心；有些人有音乐听就高兴了，有些人必须听到艺术性很高的曲子才满意。大家追求生活品质，虽然生活品质没有一定的标准，但总是往艺术层面靠拢的。泡茶喝茶的品质无法从每个人的年均饮茶量显示，但可以从茶道艺术普及化的程度看出来。

大家都知道艺术，为什么不都去音乐厅听音乐、都买艺术性高的绘画作品回家挂？大家都知道茶道艺术，为什么不都把泡茶喝茶像一件艺术作品般地创作出来与享用？甚至于还有那么多人批评艺术的不是？一方面是大家的喜好与生活环境不同，一方面是对艺术的解读不一样，就解读不一样而言，常误认艺术就在通俗之中，误认艺术是无法独立于生活的。很多人将文士与村夫同处时，文士将耕作作为清闲的艺术题材，村夫觉得的是生活的辛苦，用这个例子来说明艺术就在通俗之中的观点是不对的。喜好与生活习惯不同，自然对艺术与通俗有不同的看法；艺术有时确实是存在于通俗之中，但是要独具“艺术慧眼”才能看得到、享受得到，艺术家与独具慧眼的村夫可以看见、享用，其他的人可能就视而不见了。总之，除了对艺术解读的不同外，不同艺术含量的事物还有如金字塔般地分布，艺术含量越高，创作与享用的人数一定越少。这一段的结论是：茶道艺术的存在与被追求一定是少于通俗喝茶之道的。

日用的泡茶喝茶常占据了金字塔的基层，那是形成茶文化的基础；

日用的泡茶喝茶摒除了解渴、保健、社交、表演的功能性，剩下了泡茶、奉茶、品茶本身，就形成了金字塔的中层，如果在泡茶、奉茶、品茶之中加进去美学、艺术的成分，就形成了金字塔的顶层。由于金字塔中、顶层的体积大量减少，不赞同茶道艺术的人就会很多，赞成与通俗音乐、插花、表演等相结合的众艺式茶道的人口就会占绝对多数。有人因此就据以反对茶道艺术，反对到茶文化系只能开些金字塔基层的课程，反对到音乐厅、美术馆都盖不成。

茶道艺术的自白

茶道艺术是以“茶道”为媒介创作出的艺术。这句话有如说“绘画是以线条与色彩为媒介画出来的艺术”“舞蹈是以肢体为媒介舞动出来的艺术”“文学是以文字为媒介书写成的艺术”。“茶道”这个媒介是什么呢？是泡茶、奉茶、喝茶与包含其间的思想与美学，其他常在茶道演示上看到的插花、挂画、焚香、音乐、舞蹈，以及超过泡茶、奉茶、喝茶需要的特殊服饰以及特别要求的长相都不是。插花、挂画、焚香可以用在品茗环境上，但不能当作茶道艺术的表现媒介。

茶道艺术是将泡茶、奉茶、喝茶视为一件艺术作品来呈现，其中又以“茶汤与品茗”为主轴贯穿其间，一切都要为呈现一壶茶汤而努力的。如果“泡茶”脱离了茶汤与品茗，很容易变成肢体表演；“奉茶”脱离了茶汤与品评，很容易变成社交礼节；甚至于“喝茶”如果脱离了品茗，也很容易沦为茶市场的关注。泡茶、奉茶、喝茶对茶道艺术是否有足够的美学与思想上的支撑力度呢？有的，可以整理出很多明细来，只等待有艺术能力与泡好茶能力的人来呈现。

茶道艺术是将茶道视为一件艺术作品来呈现，所以与单纯泡一壶茶作为茶水的饮用不同，这与“我会唱歌与我是音乐家”是不同概念的解释一样。所以应该是由有泡好茶能力与有美学与茶道思想的人来操作，不能随意找个人。茶道艺术呈现的时候，要在泡茶席或房间的主要位置，茶道艺术家也要坐在泡茶席的正位，不应该坐在边边角角上，看似只是一位仆人而已。当然，如果这时茶道艺术家只是泡一壶好茶供应正在讨论事情的人，则另当别论。

茶道艺术的最终作品是茶汤，所以要把茶喝了才算完成这件艺术作品的呈现。有多少人参与这场茶会，就都要能够喝到茶道艺术家泡的茶，茶道艺术家无法供应那么多人时，要增加茶道艺术家的人数，或由助手泡同款茶供应相近水准的茶汤，不能只看泡茶、奉茶，不喝茶。再说茶道艺术是以嗅觉与味觉为主的艺术，只是看了泡茶，或是只看了泡茶与奉茶，是没有欣赏完这件茶道艺术作品的。在茶道艺术的演示上，奉完茶还要等品茗者喝完茶，将杯子送回后，才算完成全部作品的呈现。

茶道艺术的茶汤呈现必须有好的茶叶。所谓好的茶叶是要有足够的香气与美好的滋味，而且香气与滋味呈现了该种茶自己的茶性，当然也包含了泡茶者赋予的特有诠释。这样的好茶在喝了以后是令人舒服的，不会有寒凉、饥饿、胀气、恶心的现象。这样的茶有赖于制茶师傅，他去找好的茶青，透过他制茶的技术，以及他对茶叶审美与境界的追求，把它制成一件茶叶作品。这件茶叶作品犹如音乐的“作曲”，要有好的曲子，歌唱家或演奏家才有办法呈现出好的音乐作品。茶道艺术家要有好的茶叶，才有办法创作出好的茶汤作品。在很多场合会听到人家说“精于泡茶的人会把做不好的茶也泡好的”，这句话说得不对，事实上只能说“会泡茶的人也只能把它泡得好喝一些”。

茶道艺术家如何从事茶道艺术创作

茶道艺术家从泡茶过程到茶汤的产生，创造了一种临场感和一期一会的空间，这是茶道艺术重要的特质。临场感是茶道生命的实际体验，一期一会是主、客对茶道艺术创作的全力以赴与珍惜。

茶道艺术家从事茶道艺术作品的创作，他们的作品包括泡茶前的准备，然后泡茶、奉茶、喝茶以及最后的收拾三个阶段。准备了茶具，安置妥了茶席，取来泡茶用水、拿出平时选定又处理妥当的茶叶、煮好水、取得准确的温度、衡量应使用的茶量，矩周规值地把茶汤冲泡出来。欣赏泡茶过程、欣赏茶叶、欣赏茶汤、欣赏叶底，这其中包括了对茶树、鲜叶、制造、后熟、储存、茶性的理解，包括了对泡茶技艺的精练、包括了对美学与艺术的修养。

茶道艺术家必须累积一定数量的创作与“观众”，如果没有面对观众的现场泡茶与茶汤呈现，是不能成就一位茶道艺术家的。泡茶过程与茶汤的呈现不可分割，不是躲起来泡茶，然后将茶端出去给客人喝，自己与客人都要从备水、备茶、赏茶、控温、置茶、浸泡，到茶汤分倒入杯，一路关注，然后才是品饮茶汤、观看叶底。这是茶道艺术的全部，是茶道艺术的全幅作品。自己一个人把茶泡好了、把精彩的茶汤喝掉了，虽然也完成了茶道艺术的全幅作品，然而茶道艺术家需要得到大众认同才有存在价值，茶道艺术要流传社会，社会有回应才算数的。

我们看到古代的茶画几乎全是仆人泡茶，而且还隔出一间茶寮或躲在屏风后面操作，主人只是坐在前面看画、弹琴、喝茶。不知道是不是受到这种作风的影响，至今人们心里头仍然有由仆人泡茶与奉茶的潜在意识。像这样只顾喝茶只能算是茶的鉴赏者（甚至只是不甚了了的喝茶者）。要将泡茶喝茶推进到艺术的行列，要让泡茶喝茶比一杯饮料更能增益我们的生活，就得把“茶汤是一件作品”“泡茶过程是茶汤作品的一部分”“从泡茶到茶汤的呈现是茶道艺术的整体”这些观念建设起来。茶道艺术是由茶道艺术家一手创作完成的，茶艺馆的老板如果不泡茶、不喜欢泡茶、不常泡茶、不常喝茶，虽然拥有许多泡茶师为客人提供茶道艺术的服务，仍然不能成为茶道艺术家。茶道教室的主持人也是如此，茶屋的主人若只是雇用茶道艺术家为他泡茶，也是如此。

泡茶与茶汤呈现的中间是“奉茶”，不论奉茶给客人还是自己。茶道艺术家现场泡茶，完成茶汤作品，呈现给谁享用是不受限制的，其他的茶道艺术家可以作为品茗者，不熟悉茶道者也可以作为客人。茶道艺术家必须有能力让客人专心于参加茶会，且专心于接受所呈现的作品，这是“奉茶”所担任的角色。做不好奉茶将直接影响茶道艺术呈现的效果，间接影响茶汤的品质，所以茶道艺术包含了泡茶、奉茶、品茶。

茶道艺术包括泡茶过程与茶汤作品，两者不可分割。茶道艺术家要有一定数量的创作与品饮者，不能独善其身。奉茶是茶道艺术的一部分，它使得泡茶与品茶结合成完整的茶道艺术作品。

茶道艺术里的美在哪里

茶道艺术的美就是我们“泡茶喝茶”的美。喝茶前要泡茶、奉茶（即使只有泡茶者自己一个人），所以茶道艺术的美分布在三个部分里面：一个是泡茶时的美，一个是奉茶时的美，一个是品饮茶汤时的美，这三个部分加在一起就是茶道艺术的美。我们将茶道艺术界定在泡茶、奉茶、茶汤三部分的组合，茶道艺术的“美”就在其中，至于茶道艺术的“艺术”是另外一个层面的问题。美是自己存在的事物，艺术是美的人为创作，两者皆有层次的高低，例如我们继续追问：美到什么程度才叫艺术？艺术是不是在茶之外另有其艺术的元素？

美有几个面向：第一是让我们愉悦，如看到美丽的人体、美丽的风景，听好听的声音，闻好闻的气味，品尝好吃的味道，摸到舒服的质感、意识到美好的事物。第二是让我们激昂，如雄伟的峡谷、响彻天际连续不断的雷声、令人悲而不伤的无情岁月。第三是寂与拙。

茶道艺术的美仅及于愉悦、空寂、拙之美，不太会进入悲怆、痛苦、残忍的境地。泡茶奉茶可以有泡茶者的个人风格，可以显得有个性，有棱有角或安详和谐，但是显现的茶汤一定是好闻的香气与好喝的滋味，并显现该种茶特有的个性。不好喝的茶我们是不会拿来当作美的事物呈现的。茶道艺术在美的领域上比起其他艺术项目如绘画、音乐、雕塑、文学等狭隘得多，其他艺术可以呈现悲怆、痛苦、残忍等的美，茶道不能表现那么多。但是我们可以说，愉悦、空寂、拙是茶道艺术特有的美感境界。

美是客观存在的，有了欲望与情感的介入反而不容易找到美的踪迹，如欣赏人体的美不要有性欲与感情的介入，欣赏泡茶、奉茶不要受到泡茶者美貌的影响，要纯就泡茶动作而言。欣赏茶的美不要受到市场价格的影响，例如知道了是高价的茶，再倒推回去找美的存在。空寂的美也是客观存在的，不是泡茶者穿了一袭袈裟，笔画了几个手印就说那是空寂之美。拙的美也是客观存在的，不是故意显得笨手笨脚就说那是拙趣。其他激昂的美也是如此，说是悲而不伤也是说不要以为伤心落泪就是美的所在。

抽象的美最不容易受到欲望与情感的干扰，因为没有已经认识的事物可以勾起欲望与情感。就音乐而言，乐器的声音比起人的声音更接近抽象之美，无标题的音乐又胜过有标题的音乐，因为那标题还是会引起联想，只是写着“作品 x 号”，就只能从声音的本身来解读它的美了。就茶道艺术而言，茶汤最具抽象之美，它的色、香、味、性皆难用具象的事物加以比拟，如果进一步能够再不依赖茶的商品名称（如安溪铁观音茶、浙江龙井茶），更是可以无边无际地不受任何限制地欣赏它的美。这也就是我们主张在喝茶之前不要过问它是什么茶的原因。

空寂与拙是茶汤两大主要“味与觉”——苦与涩构成的，因此喝茶的人可以很方便地欣赏茶汤的空寂与拙的感受。至于前半段的泡茶与奉茶，就必须依赖泡茶人有意地找寻与自然地呈现。当然泡茶的人也要有空寂与拙的体悟与表现的能力，例如他知道空寂与拙存在于专注之间，在陪茶于热水浸泡之间，在替茶呈献它的精魂给品茗者之间。

至于表现的能力与层级已经是艺术创作的部分，现在只说到茶道艺术里的美在哪里，先知道美是何物，在何方，然后才有办法呈现，然后才有办法欣赏。

茶道艺术应归为口鼻的艺术

我们提到艺术，总是先想到绘画、音乐、舞蹈、戏剧、文学等，很少会想到茶道、烹饪、香水。很多人会说：茶道、烹饪、香水根本不是艺术，绘画、音乐、舞蹈、戏剧、文学，自古就被认定为艺术，而且名家辈出，有许多作品流传，茶道、烹饪、香水哪儿有？我们冷静思考：这个问题是茶道、烹饪、香水够不上艺术的条件呢，还是人们还没有付出足够的关心与努力？

大家首先想到的可能是该项艺术“作品”存在与保存的问题，我们确定：“存在”不是问题。绘画、音乐、舞蹈、戏剧、文学的作品可以很实在地存在在我们的身边供我们欣赏，茶道、烹饪、香水依然可以，我们可以喝到称得上作品的茶汤，吃到称得上作品的美味，闻到称得上作品的香气。但“保存”是有问题，绘画、音乐、舞蹈、戏剧现在已有精湛的录音录影技术，文学已有很好的印刷技术，但茶道、烹饪里的香与味，香水里的气至今缺乏保存的技术。然而这不是茶道、烹饪、香水是否能列入艺术之林的理由，录音技术未开发之前，一首歌还不是听了就没有了。

绘画、音乐、舞蹈、戏剧、文学是借由视觉与听觉被接受的艺术，茶道、烹饪、香水则是依赖嗅觉与味觉（前两者被接受的途径都可能还包括有视觉、触觉、意识，在此不加申论）。视觉、听觉除了有很好的保存技术之外，也被古圣先贤（姑且让我这么称呼）研究整理得颇为清楚，视觉在美术界被整理成了点线面的设计基础与色彩学，听觉在音乐界被整理成声音的基本要素与合声学，但是嗅觉与味觉呢？不知道是香气与滋味原本就不容易进行系统的整理，还是解析香味的高手未出。我们或许可以假设香、味更具广泛而复杂的空间，人类还来不及理解、应用它们。

茶道艺术包括了泡茶、奉茶、品茶（也只有这三者），前两者属于视觉的范围，后者属于嗅觉与味觉的范围。但后者的茶汤却是茶道艺术的关键性项目，缺乏了它，根本就不是茶道。有些人认为有了泡茶，或再加上奉茶，就已经是茶道了，事实上，那只是像舞蹈、戏剧般的表演部分，唯独茶汤的形成与享用才是茶道的主体。甚至还可以进一步说，只是茶汤的形成还不能算作茶道，要直到茶汤被饮用了，被享受了它的“美”后才算茶道艺术的完成。所以茶道应被归到口鼻艺术的范畴。

有人说茶汤的艺术性没有衡量的标准，那是不对的，只因缺乏对香、味的解析与综合的能力。同样的现象也发生在绘画、音乐等以视听为主的艺术上，不是有很多人到音乐厅听音乐，不到十分钟就睡着了，因为他对声音缺乏理解。但是为什么人们不会因为音乐厅有睡着的人而否定音乐的价值，却因为有人说茶汤没什么好喝的而对茶道要被列为口鼻的艺术嗤之以鼻呢？

当然茶道界必须说清楚泡茶、奉茶、茶汤的美在哪里，它们的艺术性又怎样呈现，而且能够实际做出来。

茶道常被归到眼耳的领域，忽略了口鼻才是它的归宿，因此在茶道呈现时，不论演示或自行享用，都特别重视泡茶席与品茗环境的布置，还要有配乐、插花、焚香、挂画等其他艺术的搭配，最重要的作品——茶汤却不被列为第一要务。要正视这个问题：茶汤才是茶道的主体，口鼻才是茶道艺术被接受的重要途径。口鼻对香味的解析与综合能力是香味艺术的前期必修课程。

第三章　泡茶的形体美到抽象美

从茶道学习到抽象概念的产生

知道了茶道与抽象艺术的关系，我们还要知道如何去了解抽象的事物。宇宙间的事物，抽象的要比具象的多得多，如果我们只看得懂、听得懂具象的事物，那我们是半瞎半聋的。

我们希望茶友重视抽象概念的体认与抽象艺术的欣赏，因为有了这些修养，对不规则的茶器（如随手捏出的茶碗、茶壶）、茶席里用泥土稻草糊成的墙壁、草庵式茶席屋顶底部袒裸的结构……才得以理解与接纳。有了抽象的理念，才能借着各项茶具的组合、全程的泡茶品饮手法、茶屋空间的设计与布置以及所饮用的茶叶、茶汤来表达所要诉说的道理与希望。

抽象概念的建立首先要破除已认知形象的束缚，如看到山，不要一直追寻山形长得像猫或像狗；参观石展，不要只注意到石头里面的纹路显现的是一尊观音或罗汉。其次是屏除生理机能的干扰，如画室里进行人体创作，应只专注于身躯线条与肌肉质感显现的美感。进一步则是超越已经知道的功能性，如走过天天经过的菜市场，暂且忘掉菜市场卖鱼卖肉的功能，换个心情欣赏一下：收摊之后，市场刷洗得非常洁净，肉摊上那块显露明显木纹与年轮的劈砍不坏的厚木头……最后还得忘掉原以为是“理所当然”的结构与式样，泡茶时的那把壶，谁说壶嘴一定是长在壶身的一侧，它可以长在顶上，也可以长在底部，茶碗哪有规定非圆的不可？

有了以上的这些观念与训练，才可以单纯就线条、色彩与质感从事美的创作与欣赏，对于形象如此，对于音乐亦如此。抽象与具象并没有严格的界限，认知之前往往偏向于抽象，如在未知茶碗为何物之前，看到茶碗之时的抽象概念是优于具象的；但是在认知之后，却偏向于具象。如从事抽象艺术创作的人，熟知自己的抽象语汇之后，一看或一听则都是老面孔、熟声音。

“认知”随着岁月与知识的增长不断扩大其领域，人们也因此拓展了生活的空间。“抽象”的概念与习惯可以让感官与思想经验不断更新，这是创作的泉源，也是茶道得以运用自如的基础。

茶道与抽象艺术

日常生活中熟悉的事物与声音，我们一看一听就知道那是什么，如果遇到不曾认识的形象或音响，我们就不容易理解了。茶道就是包含了许多一般人日常生活中不熟悉的项目，如果我们理解何谓抽象艺术，就比较容易知道茶道在说些什么了。

茶道是以泡茶、喝茶为载体所呈现的文化性行为，并不是说“泡茶”“喝茶”不够具象，而是说茶者是借助有形、具象的泡茶、喝茶行为来表达一些抽象的意念，而这些意念要透过泡茶、喝茶来传达，必须授受双方对“抽象”都有所认知。

我们不能只会欣赏具象的美感，如物件是一个人、一只老虎、一条街道、一间教堂、一段描写鸟叫的乐器声音、一首耳熟能详的民歌。当一幅画只是一些线条与色块的组合、一件雕塑只是一个不明事物的形象、一段音乐只是一些声音的呈现，这就进入了抽象的领域，若这些抽象的图像与声音都完善地表达了作者所要述说的美感与意念，那就是所谓的“抽象艺术”。

对抽象艺术的理解与应用是必须教育的，我们常看到老师带领同学到校外教学，望着群山解释着第一座像狮子蹲坐着，所以叫狮头山，隔壁的山脊像一尊佛像侧卧着，前端是头部，脸部是不是很像观音？接下来的山头说不上像什么，就省略掉不说了。听音乐的时候，也是要大家追思曲子像不像孩子哭泣的声音，像不像过年热闹的锣鼓声。这样的教育方式，等到人们看不出画家在画哪件自己熟知的事物、音乐家在演奏哪种自己熟悉的声音或调子，就说看不懂或听不懂了，这就是对“抽象”

不了解的结果，但抽象占了艺术、思想、美学的一大部分，缺少了这部分的理解与享受，人生会从彩色的变为黑白的。

所以在茶道的进修上，必须对抽象的概念、抽象的绘画、雕塑、纯音乐等方面多多接触；对茶之色香味性与风格的欣赏也要超越具象事物的羁绊，如此才容易操控茶道诸如精俭、清和、空寂的精神，并于需要的时候，借着泡茶与茶会的形式将之表现出来。

为自己满意的茶汤而泡茶

为什么要泡茶？有人回答："现在泡茶是时髦，君不见大小城市到处开设茶道教室，就只是穿着泡茶的服装到教室去，上完课回到家，人家还没见识到自己的泡茶功夫就已经让自己抬头挺胸了。"如果再进一步问，那答案就要说："坐在铺设了精美的桌布、桌椅，摆满了精挑细选的茶具之茶席，旁边又插了一瓶伸着懒腰的枯枝，泡茶者举起茶壶，摆出注茶入盅的姿势，拍一张照，放上网站，看到点赞的数字一番一番往上爬，不管是不是叫作虚荣心，总是让自己眉飞色舞，飘飘欲仙起来。"

如果"茶道观察员"说上面两个答案不值得给高分，那就再换一位泡茶者来问，他回答道："我是为了要喝到一杯自己满意的茶汤才泡茶的，因为从别人那里老是得不到想要的答案，所以只好自己学茶、自己泡茶。"这个答案引起了茶道观察员的兴趣，很多的艺术项目不亦是如此？问创作者为什么要画画，他会回答："自己心目中的境界，没能找到人表现出来，于是就自己把它画出来，就自己把它谱写了下来。"回过头来再听那位泡茶的人补充道："我泡茶的最大动力就是要喝一杯自己满意的茶汤，找其他的人总是让人失望，正如以前听到的一个故事：凡高请人画下艳阳下的麦田，结果不管这个人改了多少次，都不是凡高心目中的那片麦田。"

为了喝一杯满意的茶汤而泡茶，这不是只图口腹之欲？茶道的经国济世功能在哪里、茶道修身养性的效用在哪里、茶道的美感与艺术性在哪里？泡茶的人回答：都暗藏在泡茶、奉茶、喝茶里面。我们不能总是为经国济世而泡茶，这将会忽略茶汤境界的追求；不能老是侧重于修身养性的效用，那会将注意力放在泡茶过程的秩序性与人我的关系上；我们也不能够只全神贯注于茶道美感与艺术性的呈现而最后的目标不是指向茶汤，这样很容易将重心只放在泡茶的肢体表现。唯有将注意力落实在茶汤的成就之上，才会从备水、置茶、煮水、浸泡、计时，逐步加重专注度，直到茶汤作品的完成。还要把茶汤喝了，欣赏了茶的色彩、茶的香气、茶的滋味，才算完成了茶道艺术的创作。

茶道的创作包括了泡茶的过程，包括了茶汤的传递，更包括了茶汤色、香、味、性的欣赏，还要把茶汤喝进肚里才算完成了茶道艺术的呈现。

喝完茶汤，茶道的艺术作品就消失了，只存在记忆与在身体上的后续效应，这样的创作算不算是艺术的产生呢？算的，不一定要有可看或能感知的实体才算是艺术作品，音乐不也是一样，唱完、听了也就消失了，舞蹈也是一样，舞了、看了就消失了，它们在录音录影诞生之前就已经存在于我们的生活之中。茶汤在人体的主要感受器官是鼻子与口腔，这两件感受器官所感受的艺术还有烹饪与香道，我们如果不强调这三件事物——茶汤、烹饪、香道的艺术存在现象与意义，往往只作为人类生存所必需的物质，它的艺术性与人的精神意义就被忽视，其中的茶也只剩下汤水的香、味物质。

我们在泡茶上所下的功夫有没有输给学琴的人

我们一直希望“茶道”能与“美术”“音乐”“体育”一样，成为教育体系中基础课程的一环，不是在思考学生上了这门课后有何就业机会。当它变成生活教育的一部分后，其陶冶性格、美化生活的功能就要到来，这时我们要求的是："勤练泡茶"。

有一次泡茶师考试的检讨会上茶友提出这样的问题：学琴的人每天要练数小时，长期磨炼下来才能称得上"家"，反观我们泡茶的人，嘻嘻哈哈地聊天泡茶，哪能称得上"道"？被他这么一问，环视一下身边的茶友，在准备泡茶师考试的前一两个月，每天八小时，甚至十小时的泡茶练习是有的，考期过后是否还经常勤练就不得而知了。但是"要勤加练习"的观念，不如学音乐、学绘画的人是可能的，因为茶道教育的深入与普及度尚不如音乐与绘画。

学音乐、美术的人都知道非得把演奏（或歌唱）、绘画的能力磨炼好，是无法将艺术的境界表现出来的。茶人们也应该深刻体会泡茶的功夫是茶道表现、茶道体认的基础，而泡茶的功夫必须天天勤加练习，使茶汤能控制得精准。

或许是一般茶人未曾深究茶道的内涵，不知道茶道并非只是精美的茶具、漂亮的衣服，加上插花、焚香就成的，主要的还是茶人自身泡茶的功夫与情境、思想、美感的掌控，而这些又都以泡茶、知茶、赏茶为基础，这些基本功非得依赖勤加练习才能得到。

音乐家与画家透过音乐与绘画将艺术表现出来，然后举办演奏会请大家来聆听，或将绘画作品卖出去；茶人们也应该有此能力与价值，将茶泡好，将茶境表现好，然后请别人付钱享用。

我们经常以音乐或绘画为例来说明茶道的本体与价值，今天并以音乐、绘画的基本功夫来说明泡茶在茶道上的重要，而且以音乐与绘画的"有价"来表明茶叶以外的茶道价值，希望茶道能很快地提升到"很值钱"的地步。

小壶茶法的实事求是

“过去看到茶友泡茶，会将杯子放进茶船内烫杯，或是放进另一只杯内烫杯，现在的小壶茶法为什么是在船外烫杯？”吉祥问老师。

“因为杯子在茶船内或另一只杯内转动会发出声音，不好听。转动时也会将杯子与茶船磨损。如果每次喝完茶都是这样烫杯，不是也不卫生？要烫杯，将杯子排列在茶船外实施，不就解决了这两项问题？”老师回答道。

“一定要烫杯吗？”

“烫杯可以让茶汤不要冷得那么快，如果没有这层顾虑，小壶茶法的烫杯是可以省略的。”

“温壶、温盅也可以省略吗？”

“如果不是怕壶或盅降低了水温或汤温，或不利用壶温烘托出干茶香气以便闻香，小壶茶法的温壶、温盅是可以省略的。”

“泡茶冲水时让水满溢，将浮在水面的泡沫冲出壶外，而且将第一泡的水倒掉是何道理？”

“小壶茶法也将这些改掉了。水面的泡沫是附着在干茶表面的茶成分造成的，无须冲掉，第一泡倒掉被说是洗茶、醒茶、温润泡，都没有道理，而且损失很多香气与成分。这样做的话在茶道艺术上还容易破坏美感。”

“小壶茶法为什么要加上茶盅，为什么不直接倒茶入杯就好？”

“如果大家促膝而坐，可以采取平均倒茶法直接将茶汤分倒入杯，但如果必须离开座位出去奉茶，就必须先将茶汤倒入茶盅，否则无法解决茶汤浓度平均的问题。”

“又为什么要使用茶荷？”

“增加茶荷可以解决赏茶与置茶的问题，如果没有方便大家赏茶以及将茶置之入壶的专用器具，将影响茶道艺术运作过程的顺畅与美感。”

"为什么要使用计时器？"

"泡茶时的浸泡时间是很重要的，凭经验、靠心算都难以准确，尤其是小壶茶，差个三五秒都不行，不如使用计时器。"

"有人冲完茶，盖上壶盖后，要从壶盖上淋一些水，让搭配有茶船的茶壶能浸泡在热水之中。小壶茶法没这么做，为什么？"

"淋壶是因为先前把泡沫冲出来了，有泡沫、茶末粘在壶上。有人说要看淋壶后壶身上的水分蒸发的情形来判断茶泡好了没有，有人说茶壶泡在热水里，茶叶才容易出味。这些都没有理论基础，而且显得烦琐，所以小壶茶法都将之省略了。"

"从船内提壶倒茶之前要先在船缘上刮二圈，还讲究刮壶时旋转的方向，小壶茶法为什么没有这些动作？"

"小壶茶法没有将壶泡在水里，甚至鼓励使用盘式的茶船，提壶倒茶时壶身不是湿淋淋的，所以不必刮干壶身，倘若壶底有点湿，小壶茶法是使用在茶巾上蘸一下的方式。"

"大家以壶泡茶时，每个动作都有个美丽的名称，为什么小壶茶法只有直白的动作称呼？"

"泡茶、奉茶、品茗的每一过程不是要唱出来给大家听的，主要是便于学习，所以只要达意，简单即可。茶道艺术重在泡、在奉、在品。"

泡茶师检定怎么考

泡茶师检定的术科考试是当场由考生抽出一组考题，这组考题指示考生要连续泡三种茶，不只茶叶种类不一，泡法也逐一约定，如第一种茶要用 A 组的茶具冲泡（事先已准备好放在一个篮子里），泡给六位客人喝，连续泡三道。第二种茶要用 B 组的茶具，泡给十位客人喝，泡二道。第三种茶要用 C 组的茶具，泡给五十位客人喝，每人使用 100mL 的杯子，供茶一次（即是大桶茶法）。考生就依题意将茶泡出，端出奉给四位评审，自己可以留一小杯（考场统一提供的试饮杯），剩下的杯数、大桶茶的茶汤由考场收回，大桶茶还要测量用茶量与泡出的汤量，公告给评审作为“经济分数”的参考。这样连泡三种茶的标准时间为40分钟，超过45分钟要扣成绩，超过50分钟要强制结束。

每人泡三种茶，奉给四位评审，可以得出12个成绩（若某种茶泡了数道茶汤，仅算一个成绩），如果10个以上的成绩在70分以上，就算通过泡茶师的术科检定。通过这样的检定，表示在任何的场合、使用任何的器物，都可以把不同种类的茶泡到一定的水平。

泡茶师检定除术科考以外还有学科的笔试，看看是否对茶学具备足够的知识，也是70分以上视为及格。笔试的内容通常包括制茶、识茶、泡茶、茶具、茶史等五个部分。

从考试的内容可以看出设置此项检定者对茶文化的一些概念，如每个人都要会泡好各种茶，不同种类的茶可以用各种不同种类的茶具冲泡，人多的场合也要有适当的供茶方法，大桶茶也可以把茶泡得很好、很正式。更重要的是强调了泡好茶的重要，将它视为茶道艺术的基础，并给予泡茶者崇高的地位与肯定。

这样的泡茶师检定制度于1983年创设于台北，目前已在海峡两岸间举办了44届。

为茶界修道者颁证

在现代茶思想的领域里怎么说起了修道人？事实上现在要谈的是泡茶师，因为泡茶师也是修道者，他把泡茶的功夫练好，茶学的知识备够，然后还要自渡渡人，宣扬茶文化。所以泡茶师的颁证意义是与修道者的颁证一致的。

修道者有很多个类型，诸如泡茶师、修士、和尚，授证时通常都会宣告一些道上的约束与规矩，然后询问受戒或受证者接不接受这些戒律，如果勇敢地在师傅与见证者面前大声说出：我愿意，那就进入授证、剃度的程序。

北京戒台寺的戒台上，背着受戒者那面墙上挂着一块横匾，刻着“树精进幢”，提醒大家在受戒后要在心中悬着精进的牌子。泡茶师是有一些必须体认与执行的精神与行为指标的，他要领悟到把一壶茶泡好的重要，因为只有如此才能表现以茶为载体的艺术和思想，然后才能增加引导人们进入美丽领域的途径。泡茶师在取得证书后，还得天天练习泡茶，天天用茶美化自己、美化环境、美化周遭的人们。

以下是泡茶师颁证典礼在合唱拉开序幕后朗诵的一段颂词：

泡茶师，这是一个资格认定的名词；
是一个承载责任的称呼。
泡茶师背负着传播世界茶文化的重担，
泡茶师要将一壶茶表现得最好，
用以表现以茶为载体的艺术和思想。
我们要将一壶茶表现得最好，
让人们从中体会到茶汤的美，
领悟到蕴含其间的人生哲理。
我们要将一壶茶表现得最好，
因为只有这样才会有更多的文化内涵产生。
我们还要通过这条途径，
将茶文化提升到精致的境界，
将健康带给人们，
将祥和之气带到世界的每个角落。
今天，我经历考验，获得“泡茶师”这个称谓，
我将谨记上述目标，
并以如下箴言作为追求茶道生活的准则：

泡好茶是茶人体能的训练，
泡好茶是茶道追求的途径，
泡好茶是茶境感悟的本体。

从泡茶师到茶道艺术家

“如何才能从一位泡茶者变成泡茶师？”学生问。

“要懂得茶是如何制成的、各类茶有何不同的欣赏角度、如何泡好一壶茶、茶具与泡茶的关系、茶道的历史与文化，爱茶、有爱泡茶与人共享的心等，并能将茶泡得精准到位。”

“又如何才能从一位泡茶师变成茶道艺术家呢？”学生继续问。

“在泡茶师的基础之上加上具备美学的修养、再加上对茶道艺术的正确认识，最重要的是能得心应手地表达茶道的艺术性、很有信心地泡出一杯茶道作品。”

“老师说的茶道作品是指茶汤吗？”

“没错，茶汤就是茶道艺术的作品，是茶道艺术的最终成就，茶道艺术家必须信手拈来就是一件好作品，就是一杯完美的茶汤。”

“就像一位音乐家，信手弹来就是一首好曲子。”学生附和道。

“对的，这是长期练习、不断体会获得的结果，这样的成熟度才称得上是茶道艺术家。”

“茶道艺术家是不是不容易获得的称号？”

“茶道艺术家的称号不是谁给的，也不是哪个单位颁发的，它是自然形成的，它是大家公认的，可以颁发的证书是泡茶师。”

“社会上需要很多泡茶师与茶道艺术家吗？”

“越多越好。就个人而言，大家希望过美好的日子，能具备这样的能力就表示更有能力享受美好的日子。就社会而言，很多人希望从别人那里获得或买得享受茶道艺术的时光，这时就需要泡茶师或茶道艺术家提供这样的服务。”

“销售美好茶汤或茶道艺术品的地方称作什么？”学生好奇地追问。

“这个地方称作‘品茗馆’，是‘有泡茶师或茶道艺术家为客人泡茶的茶馆’，这样的品茗馆当然还会有自己专属的名称。”

泡好茶的含义

喝好的茶比较有益、听好的音乐比较有益、穿好的衣服比较有益，这样的观念不知道大家能不能接受？有人说好茶与差一点的茶，其所含的成分不会差太多，名牌衣服与杂牌衣服的蔽体与保暖功能也不会差太多，但是我们有不同的看法。

我们曾经谈过“泡茶师箴言”，提到“泡好茶”的重要，相信有人会质疑“泡好茶”做如何解释，是“泡好”茶？还是泡“好茶”？我们认为两个说法都没有错，当然从“泡茶师箴言”的角度看，应该是前者的意思：“泡好”茶是茶人体能的训练，“泡好”茶是茶道追求的途径，“泡好”茶是茶境感悟的本体。但若单独来看，泡“好茶”也有其道理。

所谓“好茶”，一定是色香味俱佳，甚至有其独特的风格，这样的茶汤，喝来一定让人神清气爽，这精神的愉悦就有益于身体健康，比起普普通通的茶、喝来没有什么特殊喜悦的茶要“补”得多，再说得科技一点，所谓的好茶一定是含有质量较佳的成分、一定是含有较为人喜欢的成分，而且这些成分的组配是令人高兴的、含量是丰富的。这样美好的成分喝到肚子里一定比喝那些质量不佳的茶有益得多。这种现象不只发生在茶，即使穿衣服也如此，穿件质料好、设计优美、制作精良的衣服，一定比穿质料不好、样式不美、制作粗劣的衣服要有益健康，也是包含精神的愉快与肉体的舒适在内。

以上这个说法可能遭受的反对有两方面：一是“好”的定义何在？一是会不会造成奢靡的风气？茶叶的好、衣服的好，我们要尊重专家，消费者的好恶、个人的偏见应设法排除。真正的“好”，价格一定较高，这会与个人的收入与认知程度取得协调，只要不造成好高骛远的风气，自然不会造成奢靡。

泡茶师箴言

茶道界有所谓的“泡茶师检定考试”，包括学科与泡茶测验，两项都通过，就授予“泡茶师证书”。这犹如美术系毕业后给予美术系的毕业证书一样，并不代表以后是不是成为著名的画家。但是成为茶人或著名画家之前的基础训练以及以后不断地练习是同等重要的，不能将技巧训练与艺术创作视为两回事。

新任泡茶师联会会长计划在新年度（2002 年）印制一面泡茶师们使用的小旗子，上面印上一段泡茶师在茶道上应有的认知或修为，于是向作者索稿，因而有了“泡茶师箴言”产生。

泡茶师是以通过泡茶“技艺”与“学识”测验，取得泡茶师证书为要件，也就是以能泡好一壶茶为基本要求，在性质上是属于偏重“基础训练”与“茶学教育”的，但也因此有人批评“泡茶师”的名称好像只重泡茶技术，应该改为“茶艺师”或“茶道师”才好。但说这些话的人应该注意到“泡好茶”的重要性，如果连茶都泡不好，如何能谈到茶道的境界？就像学音乐的人，琴都弹不好，如何要以声音来表达艺术的境界？

不断地练习泡茶，就如运动员每天做着体能的基本训练，不论所从事的是球类还是田径，否则一上场，跑不了两下子就气喘如牛，如何表现运动之美？泡茶时，一出手就把茶泡坏了，怎样表现茶道的风范？

从泡茶的基本训练中，还可以逐步体认茶道所讲求的意境与美感，包括泡茶动作、环境等外在的形式，与内心、茶汤等内在的精神状态。没有“泡茶”作桥梁，凭空想要超越是无法获得的，这又有如不勤练作画，只从意识与外表装扮成艺术家的模样一般。

再进一步来思考，“茶道”的境界与美感也要依赖泡茶的动作、环境，与泡出来的茶汤、参与者的体会、享受到的状况来表现。这又如同音乐要有乐声、美术要有作品一样，否则只能存在于自己的意识之中。

综上所述，于是拟就了“泡茶师箴言”如下：

“泡好茶是茶人体能之训练，茶道追求之途径，茶境感悟之本体。”

将泡茶的功夫放在刀口上

不要分散自己对茶的专注，不要分散品茗者对茶道的理解，如果泡茶之前就先来一段舞蹈或吟唱，自己对泡茶的专注度就分散了，品茗者与观众也会以为这就是茶道。即使泡茶者与品茗者都将之解释为是茶道的“序曲”，但都将“茶道”的焦点模糊掉了。

有些茶人还强调泡茶的“用心”，将茶杓与茶罐在品茗者与观众面前很仪式性地擦拭；接着把茶杯逐一打开，一个个放在杯托上面，在泡茶席上一路排开；然后在杯上倒入开水，再一个个将水倒掉，一个个擦干杯子的里里外外。我们还看过在刚才烫杯之前，将杯子一个个从身侧打开，然后移位到身前，每次的手指与手臂都有非常严谨的走势，这些动作构成了一幅优美的画面，使得我们一时间忘掉了是在等待一壶茶汤的创作。然而这时却有人在一旁赞叹：“你看，茶人在茶道上所要下的功夫有多少！”这句话叫人不知如何反应。

上述的泡茶方式结束后，我们发现泡茶者用在真正泡茶、奉茶的时间不及全部茶会过程的 1/2。但是我们却听到有茶友道：“那是茶人必须下的功夫。”另外也有不同的声音：“坐得脚都麻了还没有喝到一杯茶。”

泡茶者拿出奉茶盘，将杯子连同杯托用右手端起交给左手，左手再将杯子连同杯托盘列入奉茶盘，如此一组一组的杯子重复着，最后才将茶汤分倒入每个杯子内。泡茶者将奉茶盘端起来，递给待在一旁的奉茶员，奉茶员捧着奉茶盘走到品茗者面前，放下奉茶盘，行个礼，端起杯子放到品茗者面前，鞠个躬，然后移位到下一位客人处。看到这里，你或许已经着急得不得了：“创作好的茶汤作品不是已错失了最佳的品饮时间？”但是一旁却有人说：“茶道就是要包括这些礼节与耐心的，否则只是冲个水、泡个茶，有什么茶道可言。”

喝完茶，常见的做法是将茶壶、茶盅、茶杯在品茗者面前清理完毕才算结束“茶道”，这些清理的动作要做得有条不紊，动作优美，是要花颇长时间才能完成的。到了这个时候，我们不难看到与会者“欣赏茶道”与“接纳茶道熏陶”的耐力。原本这个时候应该把杯子送回泡茶席上，向泡茶者致谢并表示敬意的，但是我们已不忍心再继续要求下去了，通常看到的做法是把杯子一扔就结束茶会了，大家都恨不得快快结束茶会。

茶道的形式如果让人觉得太过烦琐，大家就容易兴起“任由它去吧”“这就是他们所说的茶道”的念头。现在谈茶道，要让人直觉就是“泡茶的功夫”，是可以把茶泡好的能力，是可以把茶道当作一件艺术作品呈现的生活方式。泡茶时，一开始就要让人体会到茶道的重心是：泡茶用水的选择、茶叶的识别、茶器的选用、水温的控制、茶水比例的拿捏、泡茶时间的掌控，然后把“茶汤作品”创作出来，大家愉快地欣赏与享用，数道茶汤后，品茗者将茶杯送还泡茶者，向他鞠躬致谢。

歌唱舞蹈可以省略，烫杯温壶除非因汤温的需要可以不必实施，奉茶由泡茶者直接将杯子送到品茗者的面前，去渣、涮壶、清洗杯子，等茶会结束后才送回水屋处理，茶会就在品茗者将杯子送回后结束。

将泡茶的功夫全集中于泡茶、奉茶、品茶，而且准确地把每一道茶汤泡好，品茗者喝了都忍不住要拍案叫绝，这才是茶道的本尊。这些泡茶的功夫及其呈现的美感与精神就是茶道。

泡茶动作不要巨细靡遗地规划

开始教茶道或是学茶道，往往会把规矩定得太细，茶壶要怎么拿，水要怎么倒，一切都讲得很细。事实上，只要大的原则交代了就好，例如开始泡茶的时候，说明茶具的摆置，只要把茶具设置的四大区块说清楚就可以：主茶器放在泡茶者的正前方，辅茶器放在泡茶者的右手边，备水器放在左手边，储茶器放在侧柜或泡茶桌的里面。只要把这四大区块摆些什么茶具交代好了就行，不要深入主茶器必须有壶、有盅、有杯、有托，茶壶又要有壶垫、茶船，壶要放哪里、盅要放哪里、杯子要不要有杯托，每一项都说得很细，不照老师说的细节来做就是不对，这样一下子就把泡茶的程序限制得很死，泡茶的情趣就被淹没了许多。

也不必规定一杯茶要分几口喝，例如说是一杯茶要分三口喝，分三口喝才叫品，一口喝了就叫牛饮。为什么一杯茶非得分三口喝不可呢？泡茶的时候两只手要放在哪里，有人说要分别放在桌上的两边，那么放在大腿上好像就不对了。奉茶的时候，端起奉茶盘出去奉茶，是应该先迈出右脚还是左脚？有些泡茶者就强调要先迈出左脚。先迈出右脚又有什么伤害呢，对茶道的美感、对茶道的精神又有什么损失呢？奉茶的时候要行几次礼，我们看到有人端奉茶盘到品茗者面前时就先行礼，品茗者端起杯子后再行礼，奉五个人时就是行十次礼。少掉一次有没有关系呢，如品茗者端起杯子后向泡茶者致谢时，泡茶者才回个礼，这样每人行一次礼不就可以了吗？站立的时候两只手要怎么放？指导的老师说要重叠放在肚脐的下方，男士右手在上，女士左手在上，这样子站立的姿势就是最漂亮的吗，有没有更自然活泼的方法呢？泡茶的时候要不要一直保持微笑？如果泡茶的时候、奉茶的时候不微笑，老师要说你了：怎么那么严肃，不是要很愉快、笑嘻嘻的吗？结果泡茶的人从头到尾笑嘻嘻个不停，只关心笑嘻嘻，把泡好茶的专注都忘掉了，这样的规定都属于太细。进一步就是争论不休地讨论要穿什么服装来泡茶，结果形成了一个风气，要穿所谓的茶人服才是泡茶者应有的风范，而且茶人服还要代表某个传统、某个茶道精神的。

有时老师的规定会造成大家的误解，例如老师说红茶要用盖碗来泡、绿茶要用玻璃杯来泡、乌龙茶要用紫砂壶来泡，甚至还规定要用紫砂壶的双杯品饮法，结果大家误以为这就是泡茶的规矩，有人用瓷器来泡绿茶就好像犯错了，铁观音用紫砂壶泡了，但没有用闻香杯与品饮杯来闻香与尝味，好像也错了。这些太细的规则反而束缚了茶道艺术的发展，我们学画画的时候，老师可以教学生要怎么画吗？怎么教呢？教画画的细则是不是说：如果有两个苹果，不可以并排地摆，要一个在前面，一个放在后面一点；如果是三个苹果，要摆成不规则的三角形。难道这些就是画画的方法吗，这也是属于规划得太细，绘画是不可以这样规划的。唱歌也是如此，没有办法教学生应该怎么唱的，发声的技巧可以教，但是要怎么唱，这首歌才有它的生命力，是没有办法教的。文学也是如此，老师无法教人家如何写文章，例如：如何起承转合、要有逻辑的观念、一个故事要讲得清楚而且生动活泼。这些规矩都是束缚，而且是不对的束缚，把艺术的内涵规格化了，把它们样板化了。

以上所说的不只是一些教学上应当留意的事项，事实上自己在应用的时候也是如此。不要把自己的泡茶程序在事先就规划得很细，泡茶的时候只是依着自己的规划一步一步地去做，做了一步就想着下一步应该怎么做，结果泡茶的样子很呆板，艺术性含量很低。所以我们强调，泡茶的动作不要巨细靡遗地都规划好了。

第四章　茶汤作品的欣赏

茶叶构成的色彩图

这是一幅渐层式的立体色彩图。所谓渐层式是色彩的变化会逐渐改变，从绿到黄绿，从黄绿到金黄，从金黄到橘红，从橘红到红，都是慢慢改变的。如果是茶叶，这是由茶叶发酵程度的轻重造成的，发酵的程度不是格式的跳跃，而是渐次改变的，所以从不发酵的“绿”到全发酵的“红”，逐渐形成渐层式的色彩变化。

我们说不发酵的绿茶其茶汤是绿的，轻发酵茶的包种茶（如岩茶、铁观音、单丛等）是金黄色的，重发酵的白毫乌龙是橘红色，全发酵的红茶是红色（这些颜色的名称在色彩三要素上称为“色相”），这些都只是概念式的说法，事实上不发酵茶不全是 0% 的发酵，3%、5% 的发酵都有可能，所以后面的“绿”已经转变成“绿中带黄”，逐渐往“金黄色”转变。轻发酵的包种茶则从 10% 到 40% 都有可能，发酵得比较轻，是偏黄的金黄，发酵得比较重，则是偏红的金黄。重发酵则是 50% ～ 70% 的发酵，这时的橘红则是从偏黄的橘红到偏红的橘红。全发酵茶也只是以红色来概括，但 80% 的全发酵是红中带点黄的，90% 以上才是完全的红。

在上面发酵的基础上，如果我们挑出适合于以“焙火”来改变茶性，而不影响品质的茶类（即 10% ～ 40% 发酵的叶茶类），加以轻重不等的焙火，则茶叶与茶汤的颜色会在金黄色的基础上改变了它的“明度”。焙火越重，颜色会变得越暗，也就是变成了浅褐色或深褐色。只有 10% ～ 40% 这个区段的发酵程度才适宜以焙火来改变茶的寒凉特性，而且是较成熟采的茶青，至于不发酵的绿茶与全发酵的红茶是不适宜的，其中的黄茶、白茶、白毫乌龙、后发酵茶也都不适宜。也就是只有“叶茶类”才适于以焙火来改变茶叶的冷暖特性，也就是只有金黄色区段的茶叶，才适合于用焙火加深它的明度。

我们借用色彩的三要素：色相、明度、彩度，来解释茶叶“发酵”“焙火”“水可溶物多寡”的状况。色相是颜色的种类，明度是颜色的深浅，彩度是颜色的饱和程度（至于香气与揉捻造成的效应，另外用“频率”来表达）。

各种茶叶呈现的色相与明度，代表着它发酵与焙火的轻重，在这一系列色相与明度的色带上，如果往纵深发展，可以画出彩度的变化。例如越往底下，彩度越来越低，也就是色彩的饱和度越来越低，这就表示越上层的茶叶，其“水可溶物”越多，越下层的茶叶，水可溶物越少。大致说来，彩度越低的茶，质量越差。

对茶汤的“彩度”如何理解？如果我们泡好一杯标准浓度的茶汤，而且这杯茶的质量相当高，这杯茶汤的彩度应该是高的（不论它的色相与明度如何），也就是看来相当有稠度、色感相当饱和。如果我们在上面加上一些白水，它的色相与明度不变，但彩度会降低，看来稠度没那么高，色感的饱和度降低了。再加上一点水，依旧是原来的颜色、原来的明暗度，但彩度又降低了。如果再加一点水，就会呈现出水水的样子，我们会直觉地认为它被泡得太淡了。

比较茶汤的色相、明度、彩度，要在最能呈现这款茶“饮用质量”的情况之下，也就是在标准浓度之下，而且茶汤的水深一致，容器内侧是标准的白色（不会是偏青的月白，也不会是偏黄的牙白），这样的判断才准确，才有意义。

茶，永远有其苦涩的一面

茶的色、香、味、性受到很多人的谈论，茶叶科技人士更是以化学的方式分析得非常透彻。我们曾从形象的差异，借助各种图像来比较各类茶的不同风格；在此，我们要从人文面，提出茶叶先天就具有的一种特殊性格，那就是它的苦涩味。还有一种独特性格是要另外找时间说的——“空寂”境界。

喝茶，一般人喜欢它的香、喜欢它的甘、喜欢不同茶叶的独特风味；如果说到苦，都说它是先苦后甘，以苦味消退后，甘味显露的现象激励人们辛勤工作以求得甜美的成果。但是苦、涩一直是茶叶很重要的成分与滋味，茶的各种香、味与特质都建构在这个基础之上，只是有些茶因为品种、制法的关系，苦味或涩感会显得特别的重或特别的轻。也就是这样的香、味结构，茶汤让人喝来不觉得腻，而且可以持续一辈子，甚至随着年岁的增长，更加深刻体会它的风骨。

茶的香是光彩、艳丽的，茶的甘是诱惑迷人的，但是自古人们就未曾将茶归属于华丽的饮料，因为苦涩的味道与其进入体内以后产生的效应将亮丽的一面压制了下来，而且发挥了统合的力量，使得茶自古就被认定为精俭、空寂、清和之物。这个苦、涩基调尚能相互激荡，扩大其能量至千万倍，达到为“情”不惜摧毁自己的地步，这个情可能是自己的理念，可能是自身的境界。饮茶好像不曾被列为“饮酒作乐”的范畴，茶人们喝得很冷静、喝得很有个性，也喝得很勇敢。

茶道艺术家与茶汤作品

“老师从茶道中将茶道艺术抽离出来，并强调它在美学与人们生活应用上的地位。但我们不知道在茶业职场上有何用处？”学生问。

“将茶泡好、将茶的文化内涵告诉客人，就容易将茶卖出，也可以将茶道艺术生成的作品当作一件商品销售。”老师回答。

“茶叶卖场上有必要将茶道艺术表现得那么精到吗？有多少客人耐心体会店员给他的这份信息？”学生无法释怀。

“这需要你真正懂得茶道艺术，并将之形成一件作品，无须客人专心领受，就可以将茶道艺术销售给一般客人。”

“老师的这项要求似乎要修炼到茶道艺术家的层级，这样的茶道艺术家有办法在一般的卖场生存吗？”

“倘若这个卖场是为销售茶道艺术而设，如讲究泡茶内涵的茶行，如有泡茶师为客人泡茶的品茗馆，就需要茶道艺术家驻店服务。”

“为客人提供茶道艺术、茶汤作品，懂得欣赏的客人多吗？他们愿意付出等值的代价吗？茶道艺术不像画作的市场那么成熟，画家的一幅画可以卖上万元，泡茶师或茶道艺术家一次能供应的茶汤只不过十杯，不如音乐家一次可以演唱或演奏给千人欣赏，茶道艺术家所提供的茶道艺术作品谈得上经济效应吗？”

“泡茶师、茶道艺术家、茶人等提供茶道艺术作品给十人，这是温馨、美好的飨宴，人们愿意付高价得到的，就如同烹饪师做一席菜给七八个人享用一般。进一步还可扩展成多人同时供应的店面或企业体，弥补个人销售金额不高的缺点。另外就整体经济大局来看，茶道艺术的凸显，使得大家认清茶叶的完整价值，使得茶叶的商品价格提升，产生的经济效应是巨大的。”老师明确地指出。

“有人说，茶道艺术对产业提升的力道不如茶市场的纯商业运作。老师认为呢？”

“有人说，鸟儿筑巢于林只择一枝，其他树木枝干皆可锯掉；有人又说，人立足于地只需尺许，其他土地皆可掘掉。果真除掉了巢外的树木、挖掉了身旁的土地，鸟儿与人们还能安宁过活吗？”

“老师为我们上《庄子》课时提过这两段话。茶道艺术是茶产业周遭的树木、是茶产业周遭的土地，茶产业丧失了周遭的树木与周遭的土地将无法茁壮。”学生理解老师的话，但是为了自身即将迈入职场仍然忧心忡忡。

“茶业的商品形态包含茶叶与茶汤，前者如茶行，后者如品茗馆，卖茶叶产品与卖茶汤作品都是泡茶师、茶道艺术家、茶人等透过茶业谋生、介绍美好生活的途径。目前茶叶市场比较成熟，茶汤市场还在酝酿阶段。”

“但是在我们初进职场之际，不论是卖茶叶或茶汤都是低收入的店员，总觉得无法给予泡茶师、茶道艺术家、茶人等‘称谓’一个踏实的心态。”学生仍然无法释怀。

“这是现今社会对这个行业错误判断造成的结果，泡茶师、茶道艺术家、茶人等是可以高收入的，泡茶师、茶道艺术家、茶人等也不只是一个‘称谓’，而是一种专业的称呼。现今的茶业市场尚停留在茶的物质层面上，虽然业界都有志于推动茶的精致文化，但普遍来不及把这些精致茶文化‘商品化’，也就是说还来不及卖茶道艺术的商品，所以还不是泡茶师、茶道艺术家甚至茶人真正上场的时候，泡茶师、茶道艺术家、茶人等的培养也要趁此空当快马加鞭。我们需要大量的泡茶师、茶道艺术家、茶人等分散在社会各阶层、各角落，即使他们未从事茶业工作，亦能在社会上发挥着泡好茶、分享茶道艺术给周遭人的作用。”

茶汤，这件泡茶者的艺术作品

学生问：“画家的作品是画，音乐家的作品是乐曲，那茶道艺术家的作品是什么？”

“是那杯茶。”老师回答。但看到学生一脸疑惑的样子，又补充道：“泡茶者泡茶，就像画家画画，画好了，作品就是他的画，泡茶者将茶泡好了，茶汤就是他的作品。”

“如此说来，茶汤是茶道最重要的成果了？泡茶过程并不重要，因为没有人会追究画家画画的过程？”

“画家画画的过程很有看头，我就很喜欢看画家画画，不但是有趣的观赏，对画作的理解也很有帮助。如果从画家的备具、画画、到作品完成，当作是一幅完整的作品也是可以的。茶道的作品就是从泡茶者的备具开始，经过泡茶，直到茶汤的完成。”

“一般人的观点，好像认为泡茶、奉茶是茶道的重心，茶汤都被忽略了。”学生颇有同感地回应着。

“就是因为这种误会，把泡茶奉茶的动作做得很夸张，而不在乎茶汤泡得如何。如果把观念改变了，把目标放在茶汤上，自然就是一切为茶、一切为茶汤，回到茶道的本质。”

“请问老师，一幅画我会欣赏，一碗茶汤要如何欣赏？”

“一幅画是用眼睛欣赏，一碗茶汤是用眼睛、鼻子、口腔欣赏，眼睛看到的汤色代表着发酵、焙火、浓淡、好坏等意义，鼻子嗅到的茶香表现着茶的种类、茶的特性、茶的良莠等，口腔体会到环境、气候、土壤、品种、制茶师、泡茶师带来的种种信息。”

“茶汤喝完就不见了，还能称得上是一件作品吗？”

“喝完就不见了的茶汤也是一件作品，就如同听完就消失了的音乐一样。”

“泡得不好的茶汤也可以称为作品吗？”

“泡得不好的茶汤也可以称为作品，画得不好的画也是一幅画。”

“我们对画画的画家，对创作乐曲的作曲家、演奏家都很尊敬，为什么对创作茶汤的泡茶师或茶道艺术家没这份感觉呢？”

“因为大家还不认识什么叫作泡茶师、什么叫作茶道艺术家，也还不普遍认识什么是茶道艺术，什么叫作茶汤作品。”

“茶文化发展了这么长的时间，为什么还未建立起茶道艺术、茶道艺术家、茶汤作品的概念？”

“我们一直将茶当作柴米油盐酱醋茶的一环，都太随意地看待它。即使一些人将它提升到了精神与艺术层面，也还没有把它当作独立的学科对待，所以没能为‘精致享用它’而设定较严谨的泡茶与欣赏要求。”

冷静体会苦和涩

苦涩不是苦加涩，

苦涩是不媚俗，

苦涩是缩敛，

苦涩是勇敢。

苦外还有咸、辣、酸，

涩外还有麻、刺、醇，

只有苦涩出坚贞，

只有苦涩出真美。

没有成熟是苦涩，

成熟后苦涩消退，

陈化后是不识苦涩的冷冽。

茶道教室的识茶课或审评课，老师都会介绍口鼻对香味的感知，说到口腔之于味，常会强调味与觉的不同。“味”有如酸、甜、苦、辣、咸，“觉”则只是一种感觉，如涩感、麻感、醇厚、鲜爽、活性、强度。

喝茶的时候常会提到苦涩，苦味容易理解，涩感则不容易弄清楚。涩只是一种感觉，口腔内壁平常是很润滑的，当吃到带涩的液体或食物（如柠檬汁、未足够成熟的梅子），这种润滑的感觉就会消失，如同用肥皂把口腔洗了一遍，但是润滑的感觉很快就会恢复的。轻度的涩感会让口腔瞬间感到异常清爽，这种感觉我们称为缩敛性（重发酵的茶如白毫乌龙、红茶常会有这种感觉），如果这种感觉太过强烈，这时不止丧失掉润滑感，还带来了粗糙与麻刺的感觉（大叶种红茶或制作不良的红茶会有的现象）。我们也会利用这种缩敛性，在吃过油腻的食物后，来一杯红茶。也产生了奶茶的喝法，让鲜奶、乳酪之类的食物与茶接触，将油脂的成分凝结成细小的分子，这样的一杯饮品就变得爽口而不油腻了。

我们常说“苦涩”是茶的基本味，也常形容某一杯茶的“苦涩”味太重，不要将苦、涩当作同样的一种味觉，只是它俩经常同时出现，所以被误以为是同一种感觉。

茶之所以不容易被喝腻，其中含有的苦涩是主要原因，即使苦涩味不怎么样凸显，不会被批评为太苦涩，但在甘甜之下仍然隐藏有苦涩的踪迹，若是为了讨好不喜欢苦涩的饮用者，把造成苦涩的成分全部拿掉，茶是变得不好喝的，傲人的保健功能也消失殆尽。

茶是比较寒性的食物，但是就其性格而言又是阳刚的。茶的香味多彩多姿，但从来未曾被列入华丽的饮料，喝茶的族群里，我们看到的是理性多于意气，而且坚忍的因子容易浮现。茶的美不只是赏心悦目的美，我们常喝到阳刚之美、枯寂之美，这往往是苦涩铺垫出来的意境。

对苦涩的形容词是不一而足的，初接触茶的人容易说苦涩味太重；多喝几种茶以后就说苦涩没能造就好它应有的品种与山头气；喝过大叶种的茶又嫌小叶种的茶太过娇嫩，分析的结果就是苦涩的组配问题。

你说这款茶的苦涩劲头太强，苦涩的因子会说：把我放个十年、二十年，我自会隐藏起苦涩的锋芒，到时候你又不认识苦涩长成什么样子了。

茶汤是茶道的灵魂

“老师说茶道艺术的本体是泡茶、奉茶、品茗，如何避免泡茶是泡茶、奉茶是奉茶、品茗是品茗呢？”学生问。

“要在泡茶、奉茶、品茗间关注着茶汤。所谓：茶道，茶汤一以贯之。泡茶也好、奉茶也好、品茗也好，贯穿其间的都是茶汤，只要我们时时以茶汤为念，自然不会在泡茶时只注意到肢体的美感，奉茶时只注意到人际的关系，品茗时只注意到自己的风范。泡茶奉茶品茗时，心要跟随着茶叶进入茶壶，跟随着热水进入茶叶的身体里，跟随着茶汤进入杯中，跟着杯子进入客人手中，跟着茶汤进入口中。”

“只要在茶会进行间，大家关注茶汤就可以了吗？”

“不是关注茶汤，而是要关注把茶汤泡好了没有。泡茶者当然最知道如何将茶泡好，其他与会者也可以从泡茶者的泡茶过程中关心这泡茶是否可以被泡好。”

“这是不是要谈到泡好茶在茶道艺术的重要性了？”

“是的，如果我们不能将茶泡好，即使关注了茶汤，得到的还不是粗糙的茶道艺术？所以我们在谈到泡好茶的重要性时常说：泡好茶是茶人的体能训练，是茶道追求的途径，是茶道体悟的本体。”

“这体能训练是不是指泡好茶的能力？”

“是的。”

“这追求是不是指追求高境界的茶道？”

“是的。但没有说一定要多高。”

“为什么说是‘茶道’体悟的本体呢？”

“茶道境界，或说是茶道艺术要在‘泡好茶’的过程中去体悟、去享用，脱离了茶汤，只能凭过去对茶汤、对茶道的记忆了。有人说：没有茶我也能享用到茶的美，但这是不能持久的，是容易枯萎的。”

泡茶的三个基本观念

泡茶时经常发生的争论是：茶汤要泡到怎样的状况有一定的标准吗？一壶茶之数泡间，可以泡出不同状况的茶汤吗？泡茶技术可以改变茶的原来质量吗？除了这些问题，我们还要对茶汤“浓度”有个定义，对“泡好”茶有个正确的态度，对“品茗”与“评茶”的意义有所区别。

一、茶汤“浓度”与“质量”有一定的标准吗？

这里所说的“浓度”是概括性的，指茶汤喝进口内，给予口腔的“打击”强度，不意味是“好”或“坏”，也无论“质量”的高低。也不能以“水可溶物的总和”来代替，因为或许有某些成分增加了口腔的感觉，因此虽然水可溶物的总和不如别种茶，但给予口腔的打击程度却是相等；也不能以“刺激性”来代替，因为有些茶汤以强劲的味道，如苦涩味引起注意，有些茶汤则以稠度或气味让人警觉，但这些茶汤只要给予口腔的打击程度相当，我们就说它们的“浓度”差不多。因为只有做此解释，谈论泡茶时“各次茶汤间”的问题才有通俗的名称可用。

至于“质量”，是以冷静、客观而且科学性的态度，评判茶汤“好坏”的用语，不只包括好的成分，而且要有恰当的组配，造成的口味还要是绝大多数人喜欢，专家认可者。泡茶时数道茶汤的“质量”是无法一致的，我们讲究泡茶的技艺只是要求数道茶汤间“浓度”的接近。

同样的一堆茶，泡出的茶汤有一定的标准吗？会不会你说东边的那杯茶汤好喝，他说西边的那杯茶汤好喝？不会差那么远的，有可能只是偏东或偏西。何以证明？我们把同一堆茶泡成不同浓度而且以不同温度的水泡出许多杯茶汤，让许多人去品评，喜好度一定集中在某一区域内，如果这些人对各类茶都有一定程度的认识，那得票数最高的一杯或数杯就是我们所说的“标准”。“标准”不定于一，但总在一定的范围内。我们也不排斥少数人的独特喜好，但泡茶时只要有能力达到“标准”，就有能力满足这些特殊的要求。

有人说，茶的好坏已是定局，只有茶的好坏而没有所谓泡茶的好坏。这个说法就“茶制品”而言是有道理的，但对“泡茶”而言就不适用了，比赛的“特等茶”可以泡得没人要喝的。就这一点而言，也有人会提出异议：不论泡得好坏，只要在同一泡法下，我总可以在数杯茶汤中找出茶的好坏。这话说得没错，即使是超浓的泡法，有经验的评茶专家依然可以分辨出优劣与质量特性。但现在我们不是在谈论“评茶”，而是在讨论如何“泡茶”。

如果说茶汤的浓度与质量没有一定的标准，那不就怎么泡都对了？

二、数泡茶间的浓度应力求一致吗？

依上面提到的所谓“标准”，是指茶汤在每一泡时的最佳状况，因为只有最佳状况才会获得最多数人的喜爱，而“最佳状况”可以简单地用“标准浓度”来表达，所以数泡茶间的浓度应力求一致。至于“质量”，在第一泡或前面数泡后一定往下滑落，直到我们认为应该换茶了。

有人认为不一定要“要求一致”，泡出各种不同的浓度与风格正可欣赏该种茶不同的滋味。这话初听之下似乎有理，但仔细思考一下，这样做不就成了“随意泡”？那还何必讲求章法？你或许又要提出异议：让人喜欢的不会只是一个浓度与风格吧？没错，但是这个范围还是包括在我们所说的“标准浓度”之内，所以不能将之解释为“都可以”，或“故意泡成各种状况”。

“追求最好的”（不是单一的）一直是我们鼓励与努力的，人生有各种不同的层面，但实际生活上是不需要每一层面去体会、去实践的，泡茶也是如此，太浓的、太淡的、太苦涩的，能避免就尽量避免，随手泡壶（杯）好茶，才符合我们的希望。

三、“泡好”茶的真义

泡好茶的意义就是将每一道茶都泡出当时茶叶最佳状况的茶汤，第四道的茶汤质量一定不如第一道的茶汤质量，但是我们要将每一道都泡得最好。

我们常说：会泡茶的人可以将一百元一斤的茶泡出一百五十元的价值，同样的，不会泡茶的人，可以把一斤两百元的茶泡得连五十元都不值。这只是说明泡茶技术的重要，并不是说泡茶技术可以改变茶叶的质量。同样的技术，可以将五十元的茶泡好，当然也可以将一百元的茶泡好，得出来的茶汤应该是一百元的胜于五十元。

“泡好”茶的真义在于：就现有的条件将茶泡出最佳的茶汤，即使已经泡至第五道，或是原本苦涩味就偏重的茶。“泡好”茶也是茶道的基础，如果茶都泡不好，如何讲求茶道的艺术与精神？再进一步说，不断地练习泡茶，才能使茶人在意志与思想上进入更高的茶道境界，或是体悟、创造出新的层面。

茶汤标准浓度的界定

我们常听到这样的话：“您茶泡得很好”，这表示茶汤是有好坏标准的，否则怎么泡都可以，哪有什么好与不好？接下来是这个标准的问题，这个标准我们把它定义为“最能表现该泡茶优美特质的茶汤”。这包含了两个要点，第一是“该泡茶”，不是这包茶，也不是这袋茶，更不是这类茶；第二是“优美特质”，不但要表现该泡茶的特质，还要强调出令人喜爱的一面。这是“品茗泡茶法”与“评鉴泡茶法”的不同，现在我们谈的话题是属于前者，所以要将茶泡得最讨人喜欢。这意思是泡茶者必须利用水温、冲泡器材质与泡茶的技术将该泡茶的缺点尽量隐藏，优点尽量发挥。

茶汤标准如何寻？先说个人的标准，再说一般人的标准。将同一包茶以各种水温、冲泡器材质、茶水比例泡出多杯汤样，喝喝看您最喜欢哪一杯。这时不妨也请一两位朋友一起参与，发现他人与您不同时，再行品赏一次，看看别人说的有没有道理。我们上“评茶”课时也是用同种方法，请同学在不同浓度或不同材质、水温浸泡出的茶汤中选出自己认为“最能表现该泡茶优美特质的茶汤”来，当意见分歧时，老师给予适度的提示与分析后，同学们几乎都可以得出一致性的看法。

再说一般人的标准。用上述方式让一百个人选出自己最喜爱的一杯茶汤，结果会是百分之八十的人集中在百分之二十的汤样中。这百分之二十的汤样就是我们所说的“标准浓度”。这百分之二十的差异包括了个人口味上的差别与对各类茶普遍认知程度的不一致，当这批人都对茶有了一定程度的修养后，差距会逐渐缩小。以上所说的都是指对同一批茶的认定而言，不同类型的茶、不同质量的茶，其间的比较是另外一个话题。这里所说的“浓度”也只是指茶汤打击口腔的综合力度，没有深究到稠度、调和度、茶性等问题。

有人说茶汤浓度没有一定的标准，我爱浓一点，他喜欢淡一些。没错，但是当他知道怎样的茶况可以令他得到更大的享受后，他就会往“标准浓度”靠。也有人提出：以不同的水温、方法泡茶，正可得出不同风格的茶汤供人们享用。乍听之下似乎有理，但细思之后，您会发现不是那样的。所谓的多样性不会是样样讨人喜欢、样样美好、样样有高道德标准。就如同人的行为，可以有各种的表现方式，但我们只希望是美好的款式，大吵大闹并不是我们鼓励的。有茶友就认为可以用低温的水将某种茶泡出 A 风格的茶汤、用中温得水泡出 B 风格的茶汤、用高温的水泡出 C 风格的茶汤，而且还将各种茶汤命名。这样做当然没有错，但是最终会变成“茶怎么泡都对”。

有人认为只有“成品茶”有好坏之分，“泡茶”没有好坏之别。因为茶制成后，好坏已经定案，泡茶已无法改变该茶好坏的事实。这个论点在“评鉴”上是对的，但在“品茗”上不对，而且不可以因此说：茶汤没有一定的标准。在品饮的时候，茶是茶，汤是汤。只能说：既然能把坏茶泡好，当然也可以把好茶泡得更好，而且是不可能将中级茶泡成高级茶的样子。

“茶汤标准浓度”是有区块范围的，不能将之限定于一点；也不能因为它无法定于一或无法精确地界定这一点而说它没有一定标准。“泡茶师检定考试”或“泡茶技能竞赛”所要追求的是这个区块而不是某个单点；品饮者个人的口味差异也只会在这一区块内游走（对茶所知不多者例外）。

没有评茶基础的人可以赏茶吗

我曾将评茶、品茶、赏茶分开来解释，将评茶说是对茶叶理性的分析，品茶是具备“评茶”能力的赏茶，赏茶则是不一定具备评茶能力的享用。现在我要将品茶与赏茶合并成一条，用“赏茶”来代替，因为具备“评茶”能力的赏茶与不具备“评茶”能力的赏茶不必使用两个不同的名词来称呼。其间只是一个受过“评茶”的专业训练，另一个没有而已，但是两个都必须有“赏茶”的能力。如果受过评茶专业训练的人没有赏茶的能力，反而获得更少的喝茶乐趣，对茶叶欠缺评鉴的能力，赏茶的深度将受到限制。

怀着“评茶”心态在喝茶时会特别关注茶的品种、茶的山头、茶的季节、茶的拼配，还特别重视制茶的技术，以及制茶那段日子的气候。那怀着“赏茶”心态时又有什么不同呢？会特别关注茶的色、香、味、性、形的表现，可能很清楚这些色、香、味、性、形是怎么来的，也可能不清楚，只是赏其生成的结果。

茶的品种、茶的山头、茶的季节、茶的拼配、制茶的技术、制茶那段日子的气候，造就了茶的种类、茶的品质、茶的个性，评茶时是要逐项仔细分析的，但是赏茶时不是一下子钻到里面去，而是全面性地体会，体会这些制茶的因素呈现在色、香、味、性、形上的美，这样反而不会打乱赏茶的心境，破坏审美的情趣。

虽然说“赏茶”也会分开成许多阶段，如茶叶的外表、茶叶与茶汤的香气、茶汤的香气与滋味、茶叶被泡开以后的叶底，但各阶段的关注点是在整体的美，而不是在茶的品种、茶的山头、茶的季节、茶的拼配、制茶的技术、制茶的气候。

欣赏一幅画、一首音乐、一篇诗文、一位美人、一盘佳肴也是一样的，如果一开始就分解它的各种组成元素，那是科技性专业人士的直觉反应，偏向感性欣赏的人是直接从审美与艺术境界切入的。可不是一幅画一入眼就要分析它的色彩是否协调、线条是否构成了美感的基础、它的画风是古典派、印象派、立体派、超现实主义？结果，只是做了一大堆与审美享受无太大关系的功课，绘画要传递的艺术性与思想美感没有太多的获得。但是如果经过绘画训练，又能有美学、艺术修养，他会看得更清楚，体会得更深入。

有评茶能力的人会对茶的物质层面分析得很清楚，但是“赏茶”是一般人喝茶的目的（除非从事茶叶鉴定的工作），他更重要的是要综合茶叶的各项色、香、味、性、形诸元素，使其成为被欣赏与享用的标的。赏茶者可能对茶的制造知识不甚了解，只是就最后的结果，茶叶、茶汤、叶底等的色、香、味、性、形加以体认，他可以不知道这是什么茶、产自哪里、泡茶者的技术如何，但是茶的好坏、茶的特质、茶的美感、茶的境界，他是清楚的。

评茶是赏茶的“基础”，但不是赏茶的“全部”，不是在茶席上说出茶的品种、茶的山头、茶的季节、茶的拼配、制茶的技术，就是赏茶之道。我们毕竟是要品赏茶的美色、美香、美味与整体的意境，我们是要赏茶，我们不能只停留在评鉴、分析的层面。

评茶是理解“茶商品”的必需，赏茶是喝茶的主要目的，评茶与赏茶是各自独立且融为一体的。

茶叶已被视为作品，茶汤还没有

这几天看了一段视频，描写一位制茶师陪同工人拿着翻土机将茶园的杂草翻入土里，同时混入预备好的堆肥，翻土机无法施工的地方就用手或小耙子。采收进来的茶青放在大竹盘上晒太阳，太阳转烈了，就移入遮有黑网的棚架内。茶青搬到室内后，他用双手捧着叶子，轻轻地抖动着，就像哄婴儿不要哭的那个样子。放在架子上的期间，想闻闻香气变得怎样了，轻轻地拉出一层层架子上的茶叶，就像挪动睡着婴儿的小床。接下来的炒青是在高温的滚筒内进行，制茶师伸手进去滚筒内抓了一把又一把的茶叶试探，感知着茶叶相互间的黏稠度，当他确定已到适当的杀青程度，将茶叶倒进揉捻机进行揉捻。制茶师不放心全程交给机器，后半段用自己的双手，像面食师傅揉面般、像制陶师傅揉泥般地揉着，他说：手的热度与力量会让茶叶变得好喝。

制茶师这样地呵护着茶青，想让鲜叶变成他期待的茶叶，从茶树的成长、日光萎凋到室内萎凋的进行、杀青的火功、揉捻的力道，我们看出了他在创作一件茶的作品。这样的创作与写一首曲子、画一幅画是同样的态度，制茶师将茶叶视为是一件作品，是“师”字级制茶者应有的意志。茶叶不像橘子，采下来就是成品；也不像稻谷，割下来打下果实，晒干就是成品。这件被视为是一件作品的茶叶，其品质当然受创作者的能力、创作时的天候以及茶树生长状况的影响，这与音乐的创作、绘画的创作受创作者能力左右一样，但“将茶叶视为是一件作品”是我们要强调的，因为将茶叶视为是一件作品来创作与仅将之视为是茶树的果实是不一样的。在茶道艺术的领域里，要将茶叶视为“作曲”，将茶汤视为“演奏”，前后两件都是“作品”。

但是看到的视频，在详细描写茶叶的创作后，接下来就是拿一只碗，把茶叶丢进去，用水一冲，捧着茶碗请客人喝茶。随后就是听到客人的赞美与吸茶汤的声音。事实上茶叶要变成茶汤还要经过另一段创作历程，这次的创作是由泡茶师为之，不论是不是与制茶师为同一个人，但需要下的功夫是一样的。视频制作者应该要在茶叶制作完成后，录下泡茶师处理水或挑选水的过程，记录泡茶师特意使用电炉或炭炉，一再地观察水温的变化。将茶叶倒出，细细地观看着茶叶的颜色、茶叶的老嫩与粗细、揉捻的轻重、陈化的年份。泡茶师盘算着应放置多少的茶叶、使用多高的水温、第一道要浸泡多少时间。他甚至再次换了一把壶与杯子，考虑要用哪样的质地才好。当冲完水、按下计时器后，他把心放在壶内，一直陪伴着茶叶，这时他好像意识到应该比原先判断的要延迟五秒钟倒出才对。

这是茶汤的创作，制茶师将茶做好了，就像音乐家把曲子写好了，接下来是要把茶泡出茶汤，要把纸上的音符演奏或演唱成音乐。

以上是由制茶界录制的视频，如果是由泡茶界录制的视频，会较重视从茶叶过渡到茶汤的部分，但往往也是表演性的泡茶，偏重在肢体动作、背景音乐、舞蹈、吟唱，茶汤只是在上述表演中一扫而过的冲水、浸泡、倒茶、喝茶，无法让人意识到泡茶者在专心创造一件茶汤作品。

从常见的视频与日常的茶事活动中，为什么茶叶的创作比茶汤的创作受人重视？因为好的茶叶作品可以卖好的价钱，好的茶汤作品目前还没定出好的价码。当然茶道艺术的存在与价值尚未被认知也是一大原因。

茶叶是作曲，泡茶是演奏

有人说：茶都做好了，泡茶还能改变了它什么？不是怎样的茶就泡出怎样的茶汤吗？又说：只有茶的好坏，没有茶汤的好坏。这些话的对错姑且不说（事实上是错的），但都扯到了茶、泡茶、茶汤的关系。

但是如果说茶叶（指茶干）只是泡茶的原料，茶汤才是成品，又未免太小看茶叶了。茶叶是要专业的技术与天赋才能成就的，制茶的人必须精通茶青、萎凋、发酵、杀青、揉捻、干燥、入仓等知识与技术才能完成“茶叶”这件作品，制茶师傅是应该受尊重的，茶叶应该被视为是一件作品。茶叶的原料是茶青（即鲜叶），原料与作品不同，原料的天生成分化较多，作品是加入了很多创作者的精力与意志。

茶汤也不能只看作是茶叶挤出来的汤，就如同橘子挤成汁一样。要把茶汤泡好，必须对茶叶、泡茶用水、茶具、水温、茶水比例、浸泡时间等因素有深刻的理解，进一步还要将泡茶、奉茶、茶汤当作是一件艺术的呈现，融入美学的元素。所以茶汤的产生也是一件作品的创作。

我们应该把“茶”的原料往前推到茶青，茶青的好坏就如同橘子，有品种好坏之分、有栽培方法优劣之分、有环境气候条件之分，但人力塑造的成分不多。茶青可以说是原料，然而茶叶就不同了，从茶青变成茶叶是茶的另外一个生命的诞生，这个新生命的优劣百分之七十依赖制茶师的功力。

从茶叶变成茶汤，就如同茶青变成茶叶，是茶的另一次生命诞生。茶青在茶树上成长到我们需要的程度，被采下作为茶的原料，这茶青是茶的第一个生命周期；茶青被制成可以泡来饮用的茶叶，是茶的第二个生命周期；从茶叶要变成可以被饮用的茶汤，要泡茶者注入心血的，甚至还要让自身饱赋美学与艺术的细胞。茶的第一个生命周期造就的是原料，第二个生命周期的茶叶与第三个生命周期的茶汤都要被视为是“作品的创作”。

那么茶叶与茶汤这两件作品的关系如何呢？茶叶就像音乐的作曲，茶汤就像音乐的演奏（含歌唱）。要有好的作曲才会有好的音乐，有了好的作曲，没有好的演奏也是听不到好音乐的。茶叶做得很好了，但没有懂得泡它的人，好茶只好空藏瓮底，遇到不会泡它的人，好茶也只好忍痛被牺牲。会泡茶的人可以把茶叶作品表现得更好，也可以把茶叶作品从事第二次的创作，这时成就的茶汤可能比原先的茶叶作品更有魅力，因为加进去了泡茶者的力道，也可能发掘了原先茶叶作品可以再创造的另一种滋味与风格。

但是没有好的茶叶作品，就难为无米之巧妇了。没有好的茶叶，茶道艺术家无法创作好的作品、茶道艺术无法形成。

将制茶视为是一件“茶叶作品”的创作，将泡茶视为是一件“茶汤作品”的创作，不要让制茶只停留在农产品加工的印象，不要把泡茶只当作是将茶汤挤出来的劳务。“茶叶作品的创作”与“茶汤作品的创作”是茶文化亟待建立的两个观念。

茶汤里的故事

茶汤是不是就是代表茶叶的品质？是的。但是如果泡坏了，是茶叶不好，还是泡茶技术不好？有经验的喝茶者可以判断出原因的，喝茶者还会了解这杯茶是如何泡出来的，这样他就更有依据判断是茶叶还是泡茶的关系。没有理由将好茶泡坏了还怪茶叶不好，品质不佳的茶叶也不可能泡出多好的茶汤。

喝茶时是要关注茶叶的品质，还是要专心欣赏茶叶的色香味性呢？答案是两者都要。但是喝茶的人往往受到生活经验的影响，接触茶产业较多的人，会不自觉地从茶汤中去找出这泡茶是怎样制作出来的、为什么那么好喝、为什么有那些缺点。如果是从泡茶、喝茶直接进入茶界的人，一定会直接就茶的色香味性去欣赏。如果从事茶叶行销的人，喝起茶来准是想到可以卖得多少钱。从事茶器制作与买卖的人，一定专注到“茶器材质与茶汤关系”里面去了。前面产茶、制茶、销售的人所持的态度，我们称为“评鉴喝茶法”；直接切入泡茶桌与器物的人所持的态度，我们称为“品饮喝茶法”。其间都有相互借鉴的地方，最好的喝茶人是应该全方位了解茶、全方位欣赏茶。

茶性是怎么造成的？从制茶方面来找寻的有：地理环境、茶树品种、耕种方式、采青状况、制茶方法；从泡茶方面来找寻的有：泡茶用水、水温、茶水比例、浸泡时间、茶器材质、泡茶者的个性。所谓茶性就是茶汤显现的风格，茶叶的六大类别是大风格的差异，是因为制茶方式的不同，每类茶除了品质的差异外，还有小风格的差异，那是由水质、水温、泡法、茶器材质、泡茶者的个性造成。

茶汤的好坏是不是因人的喜爱而不同？不是的。除了对茶性的喜爱度会因喝茶者的个性与习惯有所偏袒之外，茶叶或说是茶汤的品质认定，是件很理性的事情，太相近的品质或许不容易分辨，但是 90 分与 70 分的品质是可以很清楚地说明白的。相同种类、不同品质很容易分辨，不同种类、不同品质也可以分辨，90 分的 A 类茶当然优于 70 分的 B 类茶，不管市面上的价格是否 A 胜于 B。不同种类，相同品质的茶叶或茶汤，就无法说出孰优孰劣了。

同一批茶，十个人泡它有 8 个样，这是不是说明了茶汤的好坏没有一定标准，不是的。第一，泡茶的人对茶的认识与泡茶能力不一。第二，虽然是同一批茶，但置茶入壶时的茶叶粗细、老嫩可能有差异，即使使用了相同的泡茶用水、茶具、泡茶能力也相当。第三，如果泡出来的茶汤品质都很相当，但喝茶的人还是觉得有所不同，那只好当作个人喜好的差异。

在做茶汤品质比较的时候，要约定泡茶的道数，如泡三道，大家就要以三道决定置茶量，品质比较的时候是第一道与第一道比，第二道与第二道比。不同道数的茶汤在“都要泡出美好品质”的要求下，其色香味是不一样的，我们要求每一道的茶汤品质都要是该道茶最好的茶汤状况。

泡茶的环境可以改变茶汤的品质与风格吗？是间接的影响，环境影响泡茶者与品茗者，泡茶者影响了泡茶的技术与专注度，品茗者影响了感官与心情对茶汤的接受度。泡茶者与品茗者的意念，是不是也会影响茶汤的品质与风格？会的。还要看泡茶者、品茗者的意念强度与种类；如果再加入信仰与其他如健康长寿的目的，这项影响会更大，但已经不是茶汤品质的改变，而是加入了非茶的成分，变成“调味茶”了。

水的欣赏

泡茶的人最会欣赏水了，为了泡茶不远千里去提水、去赏水，除了生饮之外还讲究要用什么壶具煮水、用什么燃料煮水、用什么杯子饮水。知水者在泡茶之外，还会脱离泡茶而与水直接对话，这时的水是不必煮开就欣赏的，好的水、新鲜的水，知水者找到的水是干净的、无菌的，生饮更能享受水的甘美与原味。纯水（仅由氢2氧1组合而成）是空无一味的，刚才所说的好水是微带矿物质（如100ppm以下）、无他气污染，喝来是甘美的。这甘美是清净无味中体会到的味道，不像纯水那么空荡荡。

用上述的好水泡茶，可以让茶内的成分（含香气）自由地溶出，纯水的溶出效果反而没有那么好，矿物质或杂气含量太多的水（如300ppm以上），会干扰茶的味道与溶出（如铁质太多，茶汤会变黑）。至于好水泡茶，茶内的成分如何自由地溶出，要看水温、茶水比例、壶质等的掌握，好的茶汤要汤内的成分依所希望的比例组配，若咖啡因含量太多会显得太苦、茶多酚的比例太重会显得太涩。

以上对水的欣赏是将水捧在手心、含在嘴里的，还有另一种对水的欣赏是遥望。一潭水很秀丽，一湖水很平静，一线从天而下的瀑布很壮观，汪洋中的狂风巨浪很雄伟，都属于遥望。前者欣赏水的内质，是水的亲人、知己，后者欣赏水的外在表现，是水的朋友、观众，都还是直接面对水的本身，都是对水的直接欣赏。另一种遥望式的欣赏是欣赏池子里的游鱼，观赏月夜湖面的光影，坐在小船上看着流水感叹逝者如斯不舍昼夜，这些都不是对水的直接欣赏，甚至于忽略掉水的存在。

茶屋的庭院里很少设鱼池，甚至于不用假山瀑布，茶人们喜欢潺潺的水声，喜欢用石头凿出手水钵来洗手净心，喜欢将水洒在树上来感受它的清凉，喜欢把水拿来饮用与泡茶，茶人是水的亲人水的知己。

第五章　追求纯茶道美的平衡

我走过的茶道之路

“没有茶具怎么发展茶道？”于是茶具的设计生产与销售就成了我茶道之路的起点。

茶车是根本的泡茶基地，也是首先设计的茶席，一些茶道理念（如不留太多空间给其他艺术项目）潜伏其间，茶器四大区块的规划也借茶车完成。

用什么能源什么方式的煮水器才方便泡茶？于是产生了“无线电水壶”。

什么是方便泡茶的“全套泡茶用具”？于是补齐了包含茶壶、茶盅、茶杯、杯托、盖置、奉茶盘的主茶器，包括茶荷、茶巾、渣匙、茶拂、茶巾盘、计时器的辅茶器，包括煮水器、保温瓶、水盂的备水器，包括泡茶用小茶罐与存茶用大茶瓮的储茶器（这也就是上面所说的茶器四大区块）。

茶器的使用功能要好，于是把壶嘴断水功能加强，打破壶嘴、壶口、壶把三点平的观念，在盅口增设活动超细滤网。

“有了茶具还要有泡茶的方法，把茶泡好是茶道的基石。”于是研拟了十大泡茶法，以小壶茶法为核心，继续发展出：盖碗茶法、大桶茶法、浓缩茶法、含叶茶法、旅行茶法、抹茶法、调饮茶法、冷泡茶法、煮茶法。前七项是创作，后三项是整理既有的形式。

“如何让大家能泡好茶呢？”建立一套泡茶师检定考试制度与发证办法，提供一套泡茶原理与具体操作的文字数据（如《茶道入门三篇》《茶道入门识茶篇》《茶道入门泡茶篇》），建立车轮式泡茶练习法与车轮式泡茶比赛。

“如何将茶道呈现出来呢？”茶会是茶道呈现的平台，首先创作的是无我茶会，接着是茶道艺术家茶汤作品欣赏会，还整理了由曲水流觞改版的曲水茶宴。

“走过茶席设计之路了吗？”在这品茗环境的区块上，我强调茶席设计应改为茶席设置。除最早的茶车之外，还创作了商场上使用的品茗馆泡茶席。

“茶业的领域上，除了卖茶叶（含茶器）外，还能卖什么呢？”还能卖茶汤。卖茶叶称为茶叶市场，卖茶汤称为茶汤市场。在茶汤市场上推动着品茗馆的经营。

“我还走过茶思想的路。”诠释什么是茶道的空寂之美，强调纯茶道的理念，强调茶与抽象艺术特有的关系，指出茶道的艺术领域在哪里，指出茶汤是茶道艺术家的最终作品，指出“茶会”也是茶道艺术家创作的作品。

“路还没有走完，前程广阔，茫茫中隐藏无限生机，那仍是我要走的茶道之路。”

茶室不是茶具陈列室

这里所说的茶室是指陈设“泡茶席”的地方，茶室可能是独立的一个房间，也可能只是房间的一个角落。类似的称呼还有“茶屋”，它的功能性可以大一点，包括清理茶具的水屋、兼具厕所的化妆室，甚至还有茶庭。但是当我们以“茶室”称呼时，就仅是强调陈设泡茶席的房间，其他是否附设水屋、厕所、茶庭就不再深究了。

茶室是呈现泡茶者“茶道理念”与此次茶会“审美主题”的最小空间单位，可以把它当作一个音乐厅、戏剧院的舞台来看待，它本身不要有太强烈的个性，当甲音乐家租用的时候，甲音乐家就可以蛮方便地把它设置得是那次音乐会想要的风格，当乙戏剧家租用时，乙戏剧家又可以很方便地把它设置成那出戏剧所需的场景。茶室是泡茶者专用的可能性颇大，但是不要一下子就把它陈设完毕，以后就是这一套装扮了。泡茶者、茶道艺术家犹如画画的人，不会喜欢老是拿着一张印好格子的画布画画吧。所以茶室的设置，开始时要有“以后将不断在此舞台呈现茶道艺术”的念头，而且相信自己的茶道不是一成不变的。

在茶室内摆设自己收藏的茶具是不是也是泡茶者茶道风格呈现的一种方式呢？可以说是的，但那只是静态的部分，茶具的陈列无法完整呈现泡茶者想要陈述的茶道理念与茶道之美，茶道理念与茶道之美是要在现场操作与呈现的，只是器物的陈列，甚至于泡茶者、品茗者摆个姿势，或照表操作一段泡茶、奉茶、喝茶的过程，是不足以完成茶道呈现的。这些陈列于茶室的茶具不只茶道的理念与美感的呈现，还分散了“与会者”对现场呈现“泡茶、奉茶、品茶的茶道”专注度，如果茶会中还引起了对某些器物真伪、价格的讨论，更是打乱了这场茶道的完整呈现（即使茶道情节里面有这么一段），所以说，不要把茶室当作茶具的陈列室。那自己收藏的宝贝要放在哪里才好呢？放在不属于茶室范围的其他空间，至于要不要陈列，还只是收藏，需要再行讨论。

茶道在茶室内呈现的时候，茶室应保持中立，不要干扰茶道的进行，这干扰不只是发出杂音、杂味，还包括“陈设”，这陈设如果是泡茶者为该次茶道特别加上的，应该是有助于该次茶道的特色，但还是不应该做得太多，大部分的茶道应该由泡茶者与品茗者以“行动”与“茶叶、茶汤”来呈现，不是挂上一幅“空寂”就完成了凸显苦涩味的效果；挂上一幅“一期一会”就成功地注入了“珍惜茶会分分秒秒”的意念。茶道主要是依赖现场的嗅觉与味觉，而不是视觉。

茶室在设计与建构时，本身就会隐藏“主人”的茶道特质，这一点我们不加以排斥，但是应该多留一点空间给以后每次举办茶会时好呈现当时的创意，这个创意来自时过境迁后泡茶者的“新得”，也可能来自当时客观环境带来的灵感。茶室建构时如果不多预留些空间，后来在使用时就会觉得杂物太多，这个所谓的预留空间就是不把它当作茶器、书画等的陈列室，也不要已经呈现出了某个茶道主题。这也就叫作保持“中立”，也就是只有主人的茶道基调，让以后在此呈现茶道的人（可能是主人，可能是他人），有足够的挥洒空间。

喝好茶、泡好茶、用好具的意义

喝好茶、用好具的“好”字是用作形容词而非副词，也就是喝“好的”茶、用“好的”茶具，而泡好茶的“好”字则是用作副词，是“把茶泡好”的意思。

“把茶泡好”不是今天讨论的主题，大家都知道要喝茶就要把茶泡好、泡到它的最好、把它的特质与风格表现出来，否则“好的”茶也不称其为好了。今天既然要谈“喝好的茶”“用好的具”，那“把茶泡好”就成了必需。

“无茶不乐”“什么茶都喝”“无好恶之心”，这些都是好德行，而且我们还强调当你喝到档次不是很高的茶时，要以那种茶的标准、那种茶的心情去享用它、去与它为友，不能说：“这茶怎么喝得”。那今天的“喝好茶”又是如何说来呢？好的茶一般是指可溶物多、其成分的“组配”合乎我们的喜好，而且具备应有的茶性。这种茶喝起来令我们愉悦、更有益于健康。好茶喝起来令我们愉悦是容易理解的，然而更有益于健康的道理在哪里呢？直觉的，喝到好茶，精神为之一振，这就已有益于健康了，再说，它的成分足，我们获取的滋养多，也是有益身体的。

有一次为了证实某种泥料制成的茶壶是否真的泡茶比较不容易变馊，乃搜集 30 把包括紫砂、白瓷等各种泥料的大约等同容积与档次的茶壶，放在室内较无人走动的同一处地方。一组以泥料之不同放入同一种茶况的同一种茶，冲泡后观察开始明显变馊的时间（以日为单位）。另一组以同一种泥料，大约同一烧结程度的壶冲泡各种不同类型的茶，也是观察开始明显变馊的时间。所有的壶都是没有用过的新壶，清洗的方式一样。注水的水质一样，水温力求一致，每一壶的茶水比例一致，每一壶每天开盖闻香的次数与每次开盖的时间也力求一致，即每次闻香若是吸两口气，就每把壶都吸两口气。

结果，哪一种泥料的茶壶泡茶会先行变馊（甚至于观察到发霉），并没有一定的答案，也就是说不是某一种泥料的茶壶泡茶比较不容易变馊。开始变馊的时间从 1 天到 2 周不等（此次实验只做到 2 周）。第二组的实验发现一个很有趣的现象，壶内茶叶茶汤混合的“含叶茶”（此次实验皆是此种方式），其开始变馊的时间与茶叶质量的好坏刚好成反比，也就是说质量越佳的茶越慢变馊。质量差的，上午泡，下午就开始变味，质量好的，到 2 周实验结束时还有“敢于饮用”的香气。

会不会是采制季节的关系呢？然而同样是青心乌龙品种，同样是初夏采制，做成的冻顶型乌龙茶就比白毫乌龙要容易变馊。这样的两种茶，大家知道即使是同样功夫的制茶师傅，也是一优一劣的，因为冻顶型乌龙茶适于春天采制，白毫乌龙茶适于初夏采制。所以变馊快慢的原因还是在质量的高下。

这一点变馊速度的快慢就像健康状况好的人不易生病一样，也让我们相信饮用它们对身体的健康会更有帮助，因为好的茶所具备的条件都显示出它们有更强的能量。同时，也让人想起了古人就已经有的体会：“物必自腐，而后虫生”。

使用不同质地的茶壶泡茶会得出不同感受的茶汤，这点学习泡茶时都会留意及此。好的杯子也会使茶汤变得好喝就没有注意到。所谓的好喝是指茶汤喝在口里，感觉比较“清”比较“醇”，相对比较不好的杯子则感觉比较“粗”比较“烈”。这种味觉的差异在口头的描述上会因为对茶理解的程度而有所差别，但在彼此交换心得之后几乎都会同意“清醇”的优异性。茶杯之影响茶汤的味觉是立即性的，将甲杯的茶汤倒一半至乙杯，如果这两个杯子的质地不一样，再喝时已经可以感知其不同。为什么呢？这点让我们想到有人做水的研究，说是外来的波动（不论是声音还是形状）都会影响水分子的结构，进而影响到水的口感。杯子的质量直接接触水，影响当然更大。茶成分是否因此产生变化尚不得而知，但水变了，茶汤也一定会跟着变。

所谓茶杯的好坏分成质地与档次两个层面，质地者主要是指材质的感觉与烧结程度（此次以陶瓷为比对的对象，但玻璃杯也有同样现象），烧结程度高者，水与茶汤都会比较好喝。档次者是在质地外加上艺术性，两者兼顾后的品赏更是完美。或许真如水的研究者所说：水喜欢听美好与善良的话、喜欢与高档的容器为伍。水甘甜了，茶也好喝了（还不知道茶的成分是否也是如此）。

有人要问：容器的档次如何判断？在长时间的观赏、与内行人不断的讨论下，会分辨得出来的。有人又要责问：难道档次还要从嘴巴判断起不成？这时我只好回答：我佛无说。

茶道上的牵强附会之说

茶道的理念与思想应是由“茶”衍生而形成者才是，不应该反其道而行：其他修行项目有何教条，就将之安插在泡茶、品饮之中。茶道之所以为“茶道”，一定有因“茶”而起的独特性，有其他载体不易获得的感受，否则与宗教、美术、音乐、文学等没什么两样。

茶道的做法、礼法应都有其道理，这些道理包括泡好茶的原理原则，包括审美的基础，包括人际关系的和谐，包括人体健康的需要。若只是借着泡茶、品饮的过程，将一些为人处世的道理镶嵌在泡茶行为与器物之上，就会让人有牵强附会之感。

渣匙与茶构的长度是以一般人手掌的长度加上伸入壶内（或罐内）的距离为考虑基础，但有人将之定为“吴尺”的五寸而称之为“五寸构”，并解释为“点茶供养五方的圣凡”；又有人释义为：“扫除五尘，增长五智”。还有人使用四寸八分的茶构，则说是：“表示弥陀的四十八愿”。茶巾折法是依茶巾大小、放置地点与美感而决定折叠的方式与折数，但有人就其茶巾的大小将之折成六折，而说是“折服六欲”；有人折成四折，则说“将六欲折服于四威仪之下”；若是折成三折，就说是：“折服六欲的三毒（贪、瞋、痴）”。

第一道冲水泡茶时，为打湿茶叶，可绕行冲水，我们主张“以向内转的方向”冲之，因为向内转的手势（即左手持壶时依顺时针方向，右手持壶时依逆时钟方向）看来较为亲切。但有人将之说成向内转是“欢迎客人”，向外转是“下逐客令”。或许有些帮派将这些动作作为暗号，但不必将之列为茶道的教条。

谈到陆羽的茶道精神时我们会提出他在茶经第一章所说的“精俭”，至于第四章之器的“鍑”上所说的“方其耳，以正令也；广其缘，以务远也；长其脐，以守中也”我们就比较少强调。因为鍑（煮茶的锅子）的设计应注重使用的功能与造型的美感，否则若不是“方耳”，是不是又要找个理由来解释？

赏石与泡茶之间

雅石展与雕塑展，选美与茶道表演在本质上有一定的不同性，这是艺术创作与审美挑选的问题。艺术创作必须是吾人可以自由意识左右的，审美挑选只是在既有的事物中挑出符合吾人意向的事物，虽然有人说后者亦是另一层次的艺术创作，但在本质上是不相同的。

有次茶艺展的主题定为“茶与石的对话”，对话间谈出了些什么呢？

赏石的石是捡来的，赏石的人一直强调石头不是经过人工切割琢磨，是浑然天成的，那到底是谁制造了这些被赏的石头？追究起来，这些被印刷在书上、被摆上展览架上的石头跟路旁的石头、溪底的石头还不都是宇宙间众多石头的一块，只是它的长相比较奇特，或是质地比较特殊，或是长期被琢磨得有一定的形态，为赏石家挑选，脱颖而出。它并不是人们创作而成的美术品，也不见得是“神”特意制成的佳作，若说它是先前修得好德行，才被琢磨成这般美好的样子，这就是另外一个课题了。你说美女俊男是在可掌控之下制造而成的吗？或只是众多人群中的一员？我们说这个地方的天然景致很美，也不是人为所致。

但“茶”“泡茶”可就不一样，如同绘画、音乐，确是人们创造而成，虽然茶树、颜料、发声体不是人们可以创造，但以之制成的茶、以茶泡出的汤、以颜料绘成的画、以发声体组成的音乐，确是人为的产品，有能力的人可以制造出好的茶、泡出好的茶汤、绘出好的画、唱或奏出好的音乐。

有能力的人应该制造好的茶、泡好的茶、画好的画、唱好的歌、写好的乐……以便丰富人们生活。人们也应该学习欣赏美的事物、找寻美丽的事物、利用美好的事物，把美的石头捡来观赏、把普通的石头拿来铺路筑桥；学习何谓好的绘画、好的音乐，并学习花钱购买艺术品、买票欣赏音乐。

是“撑船汉”还是“弄潮人”

很多人质疑：为什么初学茶道就要考试，害得茶友紧张兮兮，甚至于望而却步？但是如果不以泡茶考试逼大家，很多同学毕业后仍然不曾私下泡茶，甚至于还不太敢喝茶。如果是这样，你说茶道教学有何意思？这样的学茶方式，与茶为伍的时间、质量都不会太好的，过一阵子见面，他又学别的项目去了。

茶道教室上，我们经常提醒茶友们要“泡茶”、要“喝茶”、要“爱茶”，不能只“学茶”，若学了一肚子的茶知识，但不敢喝茶，喝了茶就说睡不着觉；或不喜欢泡茶，只待别人奉茶过来，甚至认为泡茶乃仆人的工作；或喝茶只为防癌、只为减肥、只为时尚、只为生意，并不是喜爱它。这样的喝茶态度是肤浅的，是短暂的，哪天念头一转，又把学茶的心思丢了。真正的茶人是要与茶谈恋爱，要与茶生活在一起的，这时的泡茶、洗壶、洗杯不但不觉辛苦，还甘之如饴呢！这里所说的不是对茶的贪婪，而是与之产生感情后，相互依存的那种感觉。喝茶、欣赏茶、享用茶是如此，研究茶的历史，研究茶的制造、艺术、思想亦复如此，而且这两个领域是一体的两面，缺一都达不到上述的境界。

杭州佛曰禅师年轻时气盛，到处寻法挑战，曾经说过："如有人夺得我机者，即吾师矣。"有次参谒夹山和尚，声东击西，总要显露自己的一些才气，夹山亦体悟到他的可造，但总觉得是"知之"，而非"好之""乐之"的境界，于是说了一句："看君只是撑船汉，终归不是弄潮人。"

茶道界也经常见到这样的例子，将充实茶道知识当作唯一目标，作为向别人炫耀与自我陶醉的项目，喝茶、泡茶也只是手段而已，这样缺乏喜爱、缺乏感情的"学茶"就如同渡口上的船夫，虽然天天与水为伍，但不见得喜欢水，只堪被称为"撑船汉"，但如果这位船夫在撑完船后还会经常下水玩一玩，那就可以从撑船汉变为"弄潮人"了。

学会削皮才能吃到肉

茶人们的学泡茶就如同音乐家的学弹琴、画家的学画，都是为了表现茶道、音乐与绘画境界所必需的媒介，如果这道功夫未下，根本进不了这些艺术项目的核心。再说，这些艺术项目的境界亦依附在泡茶、弹琴、绘画所完成的作品上，如果作品是粗糙的，那表现的境界亦是粗糙的。

从台湾开始实施，现已扩及各地的泡茶师检定考试，原本只是想检测出能泡好茶的泡茶师，但经多年的历练，很多泡茶师已开始往茶文化更深、更广的领域迈进，从最近他们几乎每月的聚会活动上看到，有人练习起了茶诗的吟唱，有人研究了茶席的插花，有人从古文献中探讨了陆羽的茶道美学，有人追究起"茶禅一味"的缘由……这些发展的途径都不是原先泡茶师检定考试必考的范围，也不是这项制度明订的后续任务，但就因为这些人具备了泡好茶的能力，因此养成了泡茶、喝茶、参加茶文化活动的习惯，进一步与茶产生了感情，所以属于茶的种种就变成了他们追寻的目标，而且容易有所收获与创见。在没有上述这些因缘之前，若只从学校指导老师的分派下取得了茶文化研究课题，结果往往不是仅及于资料的归类整理，就是缺乏切身的感动。

有人批评泡茶师检定考试只在泡茶技法上打转，追求的只是茶道的皮毛，他们没留意到这才是根本，如果连琴（广义的琴）都弹不好，如何用声音来表现音乐的境界？如果连画都画不好，如何以线条与色彩来表达美术的意境？有些人认为“直指茶道思想与境界即可”“直接表现音乐家与画家应有的风采即可”。要知道果真如此，那是粗糙而且可笑的。

我们认为泡好茶是茶人们的一种体能训练，就如同运动员的每天跑步，如果有人认为那只是皮毛的事情，那就告诉他，总要先学会削皮才能吃到肉呀。

茶人的“茶道生活”与音乐家的“音乐生活”

如果将“茶人”以较为严肃的方式定义，就不是泛泛指喝茶、制茶或仅从事茶叶买卖的人而已，他必须钻研茶道，而且以茶为主要的生活重心。这样的茶人，他的茶道生活必须有一定程度的要求，就如同音乐家，或被称为音乐人的音乐生活一样。

“陆羽茶道教室”开设有“泡茶精进”的一种班别，是磨炼每位学员每一道茶都要泡得很精准的一种课程。课后聊天问到一位学茶许久，且已担任茶道老师的同学道：“在家里常泡茶吗？”他回答：“常泡茶，但没有像我们在课堂上那么认真，大约泡杯茶喝喝而已。”又问道：“茶汤可以控制得很好吗？”又回答：“不太计较，只是泡杯茶喝，计时器也没使用。”

很多茶界的朋友都是以这种方式过着泡茶的日子，泛泛的爱茶人这样做没什么好讨论的，但是核心的茶人，也就是以茶文化为主要努力目标的人就显得太松散了。说到这里，那位同学突然变得严肃了起来：“那岂不是非照上课那么认真操作不可？”“是的，但是已经从依法变成自然了。”一般茶友不太容易接受这个观念，现在举一个音乐家的例子：音乐家经常花费很多心力练琴、读书与思考，当他居家悠闲下来，与家人相聚，信手弹弹琴相互分享，这时他的演奏是随便的，还是仍然是他的音乐水平？他会不会因为不是正式的演奏会而草草了之？大家相信他是不会的，因为弹好音乐已是他的习惯、他的本质，他已经无法弹坏。即使他在这个时候放一段音乐，也不会拿到一张粗俗的曲子。

以上这段场景大家应该可以接受，那为什么换成泡茶时就走样了呢？你说茶是极为生活化的事物，所以日常上无须太过认真。但回想一下音乐，不也是更为通俗的项目，不论钢琴或电子琴，很多家庭都会具备，家人相聚也会随兴演奏一首，只是在非音乐家的家庭里，演奏的境界与认真的态度会差一点，播放音乐时，就是一般通俗的曲子。其间的差异乃在于专业与否，如果我们认为“茶道老师”可算为专业，那他的待茶之道就应该如上述的第一场景，不能在课堂上是第一场景，家居生活就演出了第二幕的剧本。

上述两个现象也说明了茶道是否在现今社会中已经成熟；“茶人”是否已经与“音乐家”同样具有专业的意义。

谁来关心茶道艺术

解渴喝杯茶，或是赶时髦泡茶喝，这样的茶事，一般人与农业、商业部门都会关心，关心农药与重金属的残留、关心包装上的标识与内容物是否一致，但没有人会管你怎么泡、泡得好不好。如果喝茶变成了艺术项目，茶叶是与泡茶、奉茶、品茶绑在一起的，这时候茶是怎么泡、泡得好不好就变得非常重要，不只是爱好喝茶艺术的人会关心，文化管理部门也会探头看一看。

到了2010年，除抹茶道受到茶道界与文化部门的关注外，其他的艺术界人士关心喝茶艺术的人不多，文化管理部门也没有将喝茶艺术纳入管理的范畴。有人针对这一点说：要先调查艺术界承不承认喝茶是门艺术。但我有不同的看法：先不管别人怎么看，把自己的喝茶艺术显现出来，不管是在自己的生活中，或是举办活动演示给大家看。如果爱好喝茶艺术的人弄不清楚喝茶的艺术在哪里，或是显现的艺术性太过浅薄，那就难怪别人不承认喝茶是门艺术。如果掌有茶文化话语权的人弄不清楚喝茶的艺术，有人提到喝茶艺术就被他们驳斥为喊高调、钻牛角尖，那就更阻碍了喝茶艺术被人高度享用的机会。

说喝茶艺术也好、说茶道艺术也好，与音乐、绘画一样，当它们越靠近纯艺术的时候，就越属于小众的生活内容，但是它必须与普及性高的喝茶、音乐、绘画等同时成长，这样人们的文明状况才健康。如果要等普及性喝茶、音乐、绘画发展后才发展艺术性的喝茶、音乐、绘画，是看不到普及性艺术独立稳健在基层发展的。茶文化界有“喝茶艺术尚言之过早”的声音，也听过老师级的茶友这么感慨：茶道艺术轮不到我说话。但是左看右看，除了说这些话的人外，并没有上一层的人可以做这方面的发言。如此说来，只好由爱好喝茶艺术的人高声喊叫：喝茶艺术就在山顶，大家赶快往上爬。

建立茶道艺术的关键不是享用人数的多寡，也不是普及性与艺术性执重的问题，爱好喝茶艺术的人要对自己有信心，不要急于参考别人的做法，也不要太在意别人怎么看。喝茶艺术在抹茶道已独立表现出泡茶、奉茶、喝茶的美感与艺术性，其他可供参考的不多。将自己泡茶喝茶形成的图像与精神面貌表现在生活中，公开演示出来，要有重复“再创作”的能力，不能只是随机的行为，这次做了，下次能否重复表现不得而知，其中就包括了精准的技术与艺术的拿捏。如此做了，这里一朵花那里一朵花，自然显现喝茶艺术的存在与面貌。

不要因为找不到古人以泡茶奉茶喝茶为主题的艺术作品而不敢独自做主地说是可以在现在生活中有茶道艺术。古人有许多只是“享用茶”的茶诗、茶画，但把泡茶、奉茶与喝茶融在一起形成的文学与绘画作品不多。但今日有现代人的生活与艺术创作的方式，将泡茶奉茶喝茶作为一项艺术来呈现没有不可。

普及性茶道与艺术性茶道在人们生活上各占据重要地位，但本质与内容是不一样的，享用者在两者之间的交替性也不强，但两者同步成金字塔形的发展是茶文化体质良好的现象。

茶道两张结构图

很多人会好奇地问，茶道到底是一个怎样的组成？它的表现内容包括了哪些？尤其是谈到传统与当代茶道时，更会关注到目前茶道应有的组成与内涵与唐宋或日韩有何不同。

我们用两张图来表达上述这两个问题，而且是以当代的时空为背景，因为我们着重于“茶道的应用”。第一张图是将茶道画成一个圆圈，圈内分成四等份，四等份上分别填上茶具、泡法、环境与思想。这一张图说明了“茶道建筑”的组成方式，它必须先有茶具，或说是完备的茶具，然后有泡法，或说是精确的泡茶理论与方法，再有表现茶道的空间，或说是周全的泡茶与品茗环境，最后则是拟表现的思想，也就是风格与意境的部分。

茶道这样的组成方式，不论是古还是今，是日还是韩，都是一样的，只是所使用的茶具不同、泡茶方法不同、喝茶的环境不同、所想到所体会到的意境不同而已。同一时代、同一地区的不同流派也只是在这些部分显现差异。

第一张图说明茶道建筑的组成方式，如果它是属于“材料之结构”，那接下来的第二张图，说明了“表现内容”的结构，是属于“内涵之结构”。第二张图是卷心面包，最核心的一层是“茶汤”，茶汤外的一层是“泡茶、品饮、奉茶、道具、舞台”，第三层是“泡茶法、茶会形式”，最外一层是“茶道思想”。

茶汤是茶道的灵魂，也是茶道表现的核心。这是较抽象的部分，也是只有“喝”的人才能感受到的。帮助茶汤表现的有“泡茶、品饮、奉茶、道具、舞台”，它们就可以用观赏的方式接受了。“泡茶”是指将茶调制完成以供饮用的过程，“品饮”是主或客享用茶汤的情景，“奉茶”代表着二人或一群人的茶事活动，“道具”是茶事活动所使用的器皿与家具，“舞台”则是茶事进行的场所。这些元素都是帮茶道说话的“演员”，它们说着、做着主人交给它们的脚本，表现着主人想要述说的美感与情境。第一圈的“茶汤”与第二圈的“泡茶、品饮、奉茶、道具、舞台”可以融为一体而视为一个内圈。

第三圈是支撑内圈运作的平台，包括“泡茶法”与“茶会形式”。泡茶法是将茶汤表现好，将泡茶、品饮、奉茶表现好所必需的原理与技巧，在教室上常有小壶茶法、含叶茶法、抹茶法等的所谓十大泡茶法。至于茶道这出戏以什么形式演出，那就关系到茶会形式了，在教室上我们也经常将茶会分成茶席式、流觞式、环列式、礼仪式等来研讨。

最外一圈是“茶道思想”。茶道所要表现的不只是一个空架子，还有主人希望供养给自己的内涵，主人想要表现给别人知道的思想、观念与美感境界，这些都主导着茶道表现的风格。但是这一圈要写上什么具体的“茶思想”呢？是可以因人而异的，如果要表现得比较古典，那在“自省”的茶道上可以填上“精俭”，在偏重“对外关系”的茶道上可以填上“清和”，在强调美学的场合可以填上“空寂”。当然也可以表现得比较活泼、时髦、前卫，不一定要穿古装或在茅草屋内才可以泡茶的。

第二张图说明了“茶道表现”的结构，它的内圈，也就是“茶汤”与“泡茶、品饮、奉茶、道具、舞台”，是茶道赖以表达的媒介，也是

"茶道表现"的"本体"，可称之为"呈现层"。它的第三圈，也就是"泡茶法"与"茶会形式"，是茶道赖以存在的平台，可称之为"承托层"。最外一圈的"茶道思想"，是塑造茶道"特性"的主导力量，是为"风格层"。

茶道就是茶道，分成两个结构图来解释只不过是从不同的角度来分析，一个是说它有什么组成部分，一个是说它借着什么媒介来表现什么内涵。这都是为了方便茶道的应用而做的分析。

茶道的内涵

谈到喝茶这回事，我们得先将茶道、茶艺、茶文化等名词混为一谈，免得一开始就被它们的定义耗费掉了心思。茶道、茶艺、茶文化都是在说"喝茶"这回事，希望大家不要一直思量着要把哪个名词放在金字塔的上端，哪个名词放在金字塔的基部。我倒想它们是一桶东西，纵切下去可能取出"茶道"，可能切出"茶艺"，也可能两样都有；横向用刀，可能什么都切到了，也可能只切到茶文化的产业部分。如果有人看到前面的"茶道、茶艺、茶文化都是在说喝茶这回事"时就直觉地认为"喝茶"二字应该改为"品茗"，也是掉进了"金字塔"与"大水桶"的误区。

茶道、茶艺、茶文化没有身份的差别，但如果需要，可以用它们来强调你所要表达的项目。如果将喝茶这回事画成相同圆心的两个大小不同的圈圈，里面的圈圈是喝茶的家内事，包含了茶道与茶艺，外面的圈圈除了包含里面的圈圈外，还包括了喝茶的家外事，如种茶、制茶、卖茶、茶史、茶教育，等等。内圈的喝茶，如果要强调有形的部分，如喝茶的动作与茶器，那就用"茶艺"来表述；如果还要强调无形的部分，如思想、审美等，则用"茶道"；如果没有太明显的用意，则"茶道"与"茶艺"视为同义词。这时的"茶艺"不能将之解释为"茶艺表演的艺术”。有次我们提到要将茶道提升到“艺术”的境界，有人反对，深入理解后，才知道他是将茶艺局限在艺术性的表演上。有人在研讨会上说中国没有“茶道”，争论到后来才发现他所理解的茶道也是要有表演形式的。

茶道的核心在“茶”，也就是包括了泡茶、品饮、奉茶、茶器与品茗环境在内的广义“茶”，而广义“茶”的核心在“茶汤”。茶汤这件“媒体”给我们直接传递了茶的香气、颜色与滋味，我们享用了它们，而且还可以借着它们游走于审美、思想与精神的境界。其间还喝进了水分、养分、愉悦等有益于身体健康的物质。茶汤的意义还可以扩展到茶干的外观与浸泡过后舒展开来的叶底。

与茶汤同时演出的是泡茶的动作，还有奉茶与品饮，这些肢体语言与人际关系正可显现茶道借演员表现的风格、礼仪与伦常，这些也是茶道的内涵。这时的舞台是茶具、茶席与周遭的品茗环境，它们协助主人表达所要的茶道意境。

人们要凭借着什么来表现上述的茶道内涵呢？茶法与茶会。茶法是各种不同场合所需要的泡茶方法，如小壶茶法、盖碗茶法、浓缩茶法、大桶茶法、含叶茶法、旅行茶法、抹茶法、冷泡茶法、调饮茶法、煮茶法等。茶会是各种茶道的表现方式，如个人独饮、茶席式茶会、流觞式茶会、环列式茶会、仪轨式茶会等。

从茶汤的品饮到冲泡过程的人体参与，一直到人们应用“品茗环境”加强所需的效果，这些“有体”的茶道内涵可以提供我们茶汤的享用、人际关系的磨炼、茶道展演的观赏，等等。另一方面，我们还可以借着同样的茶汤、冲泡过程、品茗环境，享用或表现茶道“无体”的内涵，这无体的内涵是茶汤的美，是茶道从古到今，永远有价值的文化内涵：精俭、清和、空寂。尤其是空寂，其他媒体，好像没有比茶、比茶道更容易表现或让人更容易融入的了。

茶道的实用性强，极贴近生活，所以容易忽略它的“美”（含非赏心悦目的美），想体会这个层面的人必须将自己泡进茶汤内，与茶汤独处一段长的时间，否则极易被茶道的外衣与它的豪宅所吸引而忘却了茶汤。茶的美、茶道的美，极珍贵处在茶汤，在茶汤所表现的纯艺术性。

茶道流派的争议

中国有没有“茶道”？有没有茶道流派？这是最常被问起的话题之一。所以现在我们来谈谈何谓茶道流派，茶道流派如何产生。艺术上的所谓古典主义、印象派、立体派、超现实主义等是由艺术家或学者取得名称后才开始的，还是先有作品与思想，随后才定的称呼呢？

台湾的中华茶联在 2001 年的年会活动上举办了一场茶道流派展，邀请了十五个“流派”一起展示他们的泡茶、品茗方式。这是一场很有意思、引发很多联想、带动很多议题的事件。

首先是“怎样才可以称为流派？”有两个简答法：一是自己认为是“流派”就是流派，只要取个名称即可（别人认不认可是另外一回事）；二是必须要有一些条件，如有完整且独立的茶道思想与做法（别人认不认可也是另外一回事）。

其次是“需要社会的认可吗？”有人认为一个茶道流派的成立必须有别人的认可，也就是要有一定数量的人跟随它的理念与方式，否则只是个人或单位定个名称就成，那不太草率了？但有人认为流派之成立是一回事，大家认不认可又是另一回事，成立就让它成立，慢慢地再由时间与众人的智慧来评判，太快下断语也有危险。

再者是“流派如何产生？”是自己取个名称，标示出是“流派”即可？还是要历经时代的考验，有一定群众基础者？还是由某一个公众团体甄选产生？我们认为自主性的成立与自然形成皆可，前者的方式可以培养良好的生长环境，后者的方式是已看到长成与茁壮后才加以追认。

还有的问题是“要不要鼓励流派的产生？”我们的答案是赞成。因为那也是茶文化蓬勃发展的现象之一，只是不要为流派而流派，应该要有充分的思想与理论基础，自然形成了独特的风格。即使原先并无形成流派的打算，只是风格自然形成，我们也承认它是流派。甚至于我们要说，流派的产生应该是循此途径才健康，历史上所谓的“印象派”“立体派”，都不是艺术家先定下“名称”而达成的。

茶道的重心在修身而不在茶吗

在茶道的演讲会上，我们经常发现演讲者大部分的时间花在讲解做人的道理上，甚至于话题一转，振振有词地说起了宗教上的道理，听众往往听得津津有味，因为确实讲得不错，只是今天的主题“茶”讲得不多罢了。

最近有茶友在基础茶学的心得总结上说道：“上完课后我发觉学茶是在学修身与修心，重点倒不在于茶。”听后沉思许久，不知道要如何响应这句话。平日是常听这样的论调，而且把它解释为：学茶不只是学制茶、识茶、泡茶、评茶而已，还要从中学到礼仪、审美、气质、定静等功夫。这样的解释加重了茶学的人文性，让茶学不只是物质而已。但如果把茶的本体移开，只是以茶为媒介达到修身养性的目的，那就不称其为茶学或茶道了，“茶道教室”的招牌也可以换成“修身养性教室”。

学画的人说：学画不在于画的本身，而是让自己具备高雅的艺术气息。于是勤奋的不是画好画，而是如何打扮成一副画家的样子，走路、说话都要像个艺术家，对吗？如果是这样，不仅“画作”看不得，画家本身也是够恶心的了。

前面第一段的论调在说到日本茶道时最常听到，甚至于以赞美、推崇的语气说：日本茶道讲究的是仪节、规矩与禅定的功夫。事实上，日本茶道的历代大师们一再提醒茶人们：不要忘了茶的本身而只是追求外在的一些动作与形式，否则茶道将在繁富之后衰亡。

茶道的“本”在于茶的本身与由茶体悟、学习到的美与可爱，而茶的本身包括对茶的认识、泡好一壶茶与茶的欣赏。两者相衬相助，而且互为表里。吾人不可能只因学会了艺术家的模样而画好画，画不好画也造就不了独特风格的艺术家。

第六章　美妙的献祭

移爱入汤移爱入人

这里所说的爱是对茶席上的一草一木、对泡茶动作、对茶器、对茶对茶汤、对事茶与喝茶人的爱。这爱是指喜欢、与之为友、尊重对方的灵魂，与关注，与贪婪不一样。在这里我们还要说说爱的远近，茶人对茶席上的一草一木、对泡茶动作、对茶器、对茶、对茶汤、对事茶与喝茶人的爱是有不同的距离感的。

有人说起茶道，兴致勃勃地细数茶器的来历与珍贵处，严格要求穿着与每个持壶倒水举杯品饮的动作，细心照料茶席上的一草一木，就是谈不到茶的本身与即将品赏的茶汤，有的话也只是简单的浓淡苦涩寥寥数语，这是距离感的问题。有些人特别注意到茶器，有些人特别注意到泡茶的动作，有些人特别注意到茶席的布置，但我们认为既然谈的是茶道，就必须以茶为主体，对它们的距离感应该是茶汤最近，茶叶次之，然后分别为水、茶器、动作、服饰、茶席，至于事茶的人、品赏茶汤的人与上述这些项目更是密切，所以在茶汤之前我们还要加上最近距离的“人”。

在独饮与茶会进行时，有的茶友特别注意到所泡的茶，追究到底是不是真正的西湖龙井呢？是不是地道的红印呢？是不是朋友所说的那款一斤上万元的金骏眉呢？这样的态度是不是属于“爱”茶的范围？我们认为应归之为“关注”，爱茶要喜欢它、与茶做朋友、尊重每道茶的灵魂。爱茶是无关于茶是不是来自著名产区、是否挂有某个标签、是否多昂贵的价格，只要它制作得到位我们就喜欢它，即使它不是最好，我们也可以与它做朋友、尊重它的灵魂。

我们也常看到茶友喜爱极了某壶茶汤，他会一面喝一面大声赞叹，他会算出每喝一口茶汤是喝掉多少钱，还告诉您要多喝几杯才不冤枉，有机会他一定会多索取一些藏在身边。这是贪婪性的爱。

当一位茶友专注于茶器的选用时，如果未存爱器之心，我们会直觉到他是在利用茶器，他要人们赞赏他，他要自觉骄傲自觉满足，当他换下一件不满意的器物时是不存怜惜之心的。当一位茶友专注于泡茶的各项动作，如果未存爱茶之心，我们会直觉到他只是在卖弄肢体，只是希望让人觉得他的泡茶动作很优美，换作一位爱茶的茶友，我们对他每一个泡茶动作的讲求，都会感受到是在为泡好一杯茶努力。这两种的美感境界是不一样的。

泡茶时不畏艰难地运来优质的泉水，如果不是出于爱水与爱茶，也仅会是一味地述说取水运水的不易，而不是同大家一起细细品味泉水的甘美，也不是特意要大家欣赏水与茶共同创作出来的茶汤。

茶席的设置更是如此，如果没有切身体会到品茗环境是融在茶汤里的一种风情，茶席的设置就会变成所谓的“茶席设计”，独自走着突出表现的道路。如果没有认识到茶席是为方便泡茶而设，还会发生为了茶席之美不惜牺牲泡茶的方便。

有人说，我是为茶而泡茶，我可以把茶泡得很好而不喝它。我是为茶器之美而摆设它，我可以不碰它，也不求它为茶做什么贡献。我是为泡茶动作而进行着各项肢体运作，它们不为取悦观众，也不是为茶做工。果真如此，倒是彻底的无所为而为，但是把人的因素局限在完成茶汤、完成泡茶动作、完成茶器摆置、完成品茗环境建构，隔离了参与者的爱与享用，这是冷酷的世界。您说它唯美，我倒需要温暖。有爱才有温暖。将泡茶移入为茶服务，将茶汤移入为爱它的人享用，将一切事茶的努力移入为爱自己与所爱的人作献祭。

让自己泡在茶汤三个月

脱离了茶而谈茶就像脱离了音乐而谈音乐、脱离了信仰而谈宗教，是谈不进核心的，听者也只觉得隔靴搔痒。这就是把茶、把音乐、把宗教知识化了，可以看似懂得很多，但不扎实，不耐推敲，而且不易亲自享用、不易融为生活的一部分。

这个现象在一般“消费者”产生的弊病是无法获得高度的享受，在学者专家容易产生的弊病则是书写或发表些无关痛痒、似是而非的文章或言论。我们并不苛求所有的专业人员都必须精通他所占有领域的全部知识与见解，但是如果仅是隔岸观火就要写历史、写评论，难免贻害消费者、污染那块土地。

所有的学科都必须亲临其境，去实践、去体会、去感悟才能求得真知、才有创见的余地。但是我们看到有些学者在未曾认真喝茶之时就可以告诉人们泡茶的诀窍就是淡雅，我们也发现有学者未曾参加过无我茶会就可以写出“探讨无我茶会之无我”的文章，很少喝茶但读过禅学书的学者就在禅茶研讨会上发表“禅茶原本一味”的心得。我们也发现有些不用陶瓷壶具泡茶的陶瓷艺术家著作《紫砂壶与茶道》《紫砂壶的设计》，对茶浅尝辄止的生活美学专家大谈喝茶美学，未曾喝过地道老茶的茶艺大师大谈老茶的品饮艺术。以上种种现象的描述不是说尚未达到一定火候的学者专家不能发表言论或著作，只表示因为对茶的不够理解，所谈难免不够深入，所提的立论、见解、批评难免有所偏颇。茶学的消费者、茶学的生产者都要注意及此。

茶文化的工作者、传道人是带领茶文化前进的一批人，他必须爱茶、爱喝茶，这是绝对必要的。不是说嗜茶如命、贪婪于茶的美味与高价，而是乐得与它为友、与它谈心、甘心服侍它。看待茶的类型还得无好恶之心，否则产生的心得、言论、判断是不正确的。

接下来只针对茶文化的生产者而言。如果尚未达到爱茶、爱喝茶的境界，得想办法培养与茶谈恋爱的心情，有了谈恋爱的心情，自然就有爱茶、爱喝茶的欲望。如何培养与茶谈恋爱的心情呢？想想诗人们对茶的赞美、想想专家们说的饮茶益处、想想与好友一起品茗论茶的情趣。有人说，我的体质太寒，不适宜喝茶，有人说，我喝了茶就睡不了觉。如果如此，当然无法与茶谈恋爱，因此他就采取了柏拉图式的恋爱，只谈茶而不碰茶，结果造成了上二段所说的结果。饮用制作得比较完善的茶（只就质量而言，无关价位）是较为不寒的，即使是绿茶；尚可多食用些暖性的食物以为调剂。至于影响睡眠的问题，在前面一个问题克服后，逐渐增加喝茶的次数，养成身体的习惯性，就可睡得很甜了。

让自己泡在茶汤三个月，让自己身上沾满茶味，不只容易从中体悟到确实的泡茶功效、茶汤的美感、茶思想的内涵，谈起茶道、茶文化也有足够的茶气底蕴。否则话题虽定为“茶道的精神境界”，但从头到尾说的都是做人的大道理，茶只是作为点缀，或是演讲会中的一杯茶。我们也看过定名为“禅茶”的表演，结果百分之八十都是佛教指印的手势表演，其中插上个泡茶动作，肢体表演完毕将茶端出时茶汤都已凉了。

借用其他领域的文化项目帮助茶道内涵的解说是可以的，但是要说出属于“茶”拥有的部分，否则就不是茶的事了。音乐是以声音表现艺术的境界，绘画是以线条、色彩表现艺术的境界，茶道是以茶汤、泡茶、奉茶、喝茶表现艺术的境界，所以茶道或茶文化要有自己足够表达的内涵与方式才具备一项独立的艺术类别，而表达者、生产者必须先知道它在何方。

泡茶奉茶品茶如何晋升为茶道艺术

“茶好喝吗？”

“好喝”，第一种回答。

“没什么好喝的”，第二种回答。

“喝不懂”，第三种回答。

喝不懂是关键，如果喝懂了，不是觉得好喝就是觉得不好喝，但是通常都是不求甚解，经常喝到好喝的茶就认定茶是好喝的，经常喝到不好喝的茶就认定茶是不好喝的。从茶道艺术的立场，并不是要大家都认为茶好喝，要好茶、泡得好，才会好喝，不是好茶、泡得不好，是谈不上茶道艺术的。

“泡茶好看吗？”

“没什么好看”，第一种回答。

“要有其他项目配合才好看”，第二种回答。

“我看过好看的”，第三种回答。

不是深懂茶道艺术的人，泡起茶来确实没什么好看。若是加上其他的项目，诸如泡茶者的打扮、茶席上的配乐、插花、挂画、舞蹈等，有些人会觉得有看头，但如果不是处理得好，也不见得好看。“我看过好看的”，这说明另有一些泡茶是让人爱看的，是噱头十足，让人看得目不转睛，可能是茶道艺术家在进行着茶道艺术的展现，深得人心、耐人咀嚼。

泡茶要好喝、好看，必须有好茶，泡得好，把泡茶、奉茶、品茶诸过程当作一件艺术作品来呈现。只有好茶与将茶泡好，仅能达到好喝的程度，要能把泡茶、奉茶、品茶诸过程当作一件艺术作品呈现，才能达到好喝又好看。有好茶，也把茶泡好了，但夹杂在其他艺术项目之中，即使其他艺术项目处理得很好，茶汤、泡茶也只是其中的一环，如果其他艺术项目处理得不好，茶汤、泡茶就被埋没其间。要将茶道艺术完整地在其他艺术纷呈的场合凸显，而且让品茗者充分体会到茶道艺术的存在是困难的。各种艺术同时在一个场所呈现，将这种现象说成是茶席主人才艺纵横是“要求不高”的评语，事实上只是每项泛泛展示而已。每项艺术都有其独特而且不借其他艺术项目就能俱全的呈现方式，如此才能深入、完整地创作与欣赏，茶道艺术如此、音乐如此、舞蹈如此，创作者如此、参与者亦必须全神贯注。茶道艺术呈现时，创作者及参与者是无暇兼顾其他艺术项目的，创作者无暇从事茶叶、泡法、与茶道方面的解说，品茗者也无暇说话、拍照。茶的好喝与泡茶的好看包括了有好茶、会泡茶，还要会喝茶，而且将泡茶、奉茶、品茶以艺术创作的要求呈现。

为什么茶道艺术要将泡茶、奉茶、品茶视为一体呢？因为如果除掉品茶，仅是泡茶，则只是肢体的表现，只是在舞蹈的领域；若仅是奉茶，或是仍与泡茶结合在一起，也仅是多了人与人的关系，仅属于戏剧的范畴；茶道艺术必须以茶为灵魂，以茶为主轴，泡茶、奉茶都是为茶而做，如此结合才是茶道艺术。

但能不能只是品茶呢？只是把泡好的茶汤端出来呢？不成，那岂不成了罐头茶，罐头茶即使泡得再好也不能算是一件艺术作品，这与一幅画画好后就成了一件作品，运到哪里都还是一件作品不同，茶汤必须现场冲泡、现场取用，才是一件茶道艺术作品。

上面对茶道艺术的界定，有人会认为太主观，但如果将茶道艺术界定在茶汤，茶道将变得狭隘，前面的泡茶、奉茶仅是过程；如果将茶道艺术界定在泡茶、奉茶，又失掉了茶道必须将茶喝了才算数的基本道理；如果将茶道艺术放在其他众艺之中，茶道艺术将难以独立、俱足地被人们享用。

支撑茶文化的三根支柱

喝茶可以只是基本生活中的吃喝行为，也可以喝得很讲究，将它视为精致文化的一部分。就如同唱歌，可以随意哼两段，没有人会在意你唱得好不好，但也可以唱得很讲究，就如同音乐家在演唱一般。但是当你学了茶与音乐，不论你追求的是随意还是精致，总可以比不学茶与音乐的人从茶与音乐中体会得更多。人类不断地追求进步，学习已变得是人生必需的持续性行为，只要有机会，我们不会甘心停留在基本的求“有”阶段。那什么是喝茶的精致状况呢？喝茶的精致状况是由技能、思想、艺术三部分组成。

先说技能，技能还分成几个部分，技能的基本能力是将茶泡好，如果连茶都泡不好，不只喝不到好茶，也遑论什么茶道境界。要将茶泡好，首先必须了解影响泡茶的因素，如水质、水温、冲泡器材质、置茶量、浸泡时间、茶汤倒干程度、前后泡间隔时间、茶叶质量，等等。为了要了解这些泡茶相关因素，就必须对这些课题从事适当的研究，例如要认识茶叶的质量就必须了解茶的制造过程及茶叶的包装与运输。有人认为不必太苛求泡茶的技能，浓一点、淡一点的茶汤不也都可以喝，这又回到上一段的问题去了，我们现在要谈的是精致的喝茶享受。

技能的进一步能力是对茶汤的评鉴与欣赏。评鉴的能力来自对茶叶的理解，这与茶的制作有关，欣赏的能力来自对各类茶的茶性之理解，这与各类茶的识别有关。欣赏的另一个能力是审美，如何从茶汤的色、香、味、性中取得美感的资源，也就是从茶汤的色香味性中产生美的联想与创新。

技能的第三项能力是茶席设置与品茗环境构建。茶席设置与品茗环境的初期要求只是一个方便用以泡茶、喝茶的地方，接着就会求其功能的完善以及扩充到可以运用自如地举办茶会。

我们把精致的喝茶享受画作是一个圆圈，将圆圈分成三等份，如果仅及于技能上的熟练，在茶文化的领域里只能说是占有了第一个 1/3，要将泡茶喝茶推进到有想法、有主张的地步，也就是进入思想的领域，才能扩展到第二个 1/3。这个时候就必须让泡茶、喝茶的人理解茶文化发展的历史，了解在这历史的长河中有什么对茶事的看法，然后检讨自己有何意见。这意见包括健康、政治、经济、社会、宗教、哲学与美学诸多方面。有了这些思想，泡茶喝茶的心得就多样化起来了，将注意到泡茶喝茶与身心的关系、与社会人群的关系、与精神层面的关系，尤其当思想深究到宗教、哲学与美学时，又会突破到艺术的层面去。

最后谈到第三个 1/3，艺术。艺术是审美能力达到可以创建作品的阶段，这时的泡茶动作、奉茶动作已提升到肢体及人与人相互间的艺术性，喝茶已提升到欣赏作品的范畴，参与茶会者体会到的是宗教般的、玄想般的纯美境界。泡茶喝茶的人除了要具备茶学的基本功底外，对绘画、音乐、舞蹈、戏剧、文学、宗教、哲学诸方面都要有一定的修养，尤其是抽象艺术，这样才能融合泡茶、奉茶、喝茶、品茗环境成一件新的艺术作品，并从中创作出让自己与参与者都能享用的茶汤境界与茶道氛围。

泡茶喝茶可以只是生理上的一种需求，也可以做得很精致而成为文明生活的一种款式，也可以令之进入艺术性境界而协助人们扩展思想、美学的领域。然而不管是何层面，技能、思想、艺术都是支撑茶文化能为人们高度享用的三大支柱。

从通俗茶道到纯茶道

“一般闲暇喝茶、工作之余喝茶，也要讲究茶道艺术吗？”学生问老师。

“可要可不要，如果一个人已经养成了茶道艺术的习惯，在极简单的泡茶过程中也可以表现出茶道艺术的内涵，如果平时没有这种习惯就不必理会了。”老师回答道。

“如果在一个正式的茶道聚会，泡茶者一定要讲究茶道艺术吗？”学生追问着。

“先看茶会的性质，如果这是一个通俗性的茶会，只要泡茶奉茶品茗进行得顺畅就可以了，即使茶事过程平淡了些，或是动作服饰夸张了一些也无妨；但如果是想表现茶道艺术的茶会，或是声明这是表现茶道艺术的茶会，就得讲究茶道艺术。其次是看主持这场茶会，或包括参与者在内的人是否具备茶道艺术的修养，如果有，他们表现出来的就会含有茶道艺术的内涵（层次高低暂且不说）；如果还未具备，就只能视为通俗性茶会。”

“喝茶与茶道是同一个概念吗？”学生再次追问。

“喝茶与茶道是同一个概念，但茶道与茶道艺术是两个不同的概念。茶道艺术是以泡茶奉茶品茗为媒介表现出的一种艺术，茶道可以没有这层内涵。”

“茶道艺术与音乐、绘画、舞蹈、戏剧等艺术是同等意义的吗？”

“是同等意义的。”老师明确地回答。

“那纯茶道又是指什么呢？”学生深入另一个层面去请教老师。

“纯茶道是仅就泡茶奉茶品茗为媒介所表现的艺术，重点在人、在茶、在茶具，且以茶汤为核心。这时的陪伴事物如插花、挂画、点香、石景，以及茶道的功能如客来奉茶、促进社会和谐、精俭修为、除病美容，都得摒除在脑外。这还是纯茶道较为宽松的解释，如果缩小范围来解释纯茶道，将纯茶道再从茶道艺术中分离出来，甚至不可以为茶道艺术设立主题，如这次的茶道艺术旨在表现茶禅一味、在表现雪中之春、在表现久别重逢的喜悦。这是标题性的茶道艺术，没有了这些赖以依附的情节方是纯茶道。纯茶道是仅就人、仅就茶、仅就茶具，借由泡茶、奉茶、品茗，表现、享用茶道之美的茶道艺术。”

论茶道的规则性与风格差异

举凡任何事物都有“不变”与“变”的部分，不变都是原则性的道理，变者是因客观条件及风格之需要所做的改变。有的学派强调“不立文字”，唯恐思想固着于既有的说法与成规之上，但不立文字又无法传递既有的发现与不立文字的理念，所以最佳的方法就是记录之而不受记录的局限、了解原则性道理而不受规则的束缚。

规则性含有“规律”与“整齐”的意思。制茶上、茶叶质量的优劣上都有一定的规则，例如良好的萎凋与发酵是制作好茶的基本条件，但如何从事萎凋、如何进行发酵、什么状况之下应该进行杀青，可就不能列出一张明细表了。有规律可循，但不是整齐划一的。

泡茶也是如此，不论是功能性或是在美学的追求上。功能性是把茶泡出该壶茶最好的茶汤状况，这有一定的规则：包括茶器质地、水质、水温、茶量与浸泡时间；但每次都会有不同的情况，所以也无法列出统一的标准。美学追求上借泡茶、品饮的过程，表现或获取内心想要的感觉与境界，这也有一般人对美丑悲喜的常态性规律，但呈现与取得的方式与方法就海阔天空了。

茶器的应用也可分成理性与感性的部分，理性是“使用上的方便性功能”与“表现茶性的适当质地”；感性是造型、土色、釉彩、质感在美学上的效果。不论理性与感性，都有大家认同的原则，但是良好使用功能如何在壶、盅上表现，情绪上的效果如何在这些器物上达到，就没有一定的方法了。有人说茶道的美学特质是不可一致性，传承上不能依老师的教条，器物上也要使用变形的碗。如果把这样的话归在“规则”的范围，那不就把“规则”解释为“一致”了吗？这将扼杀了茶道自由活泼的多样性。

老师在茶道教学上所传授的“原则”要有理论根据，但“方法”与“美学”上所介绍的应该只是“例子”，受教者不要受其限制。当然每位老师有其性格的差异，所举之“例子”会有一定风格的走向，这也就是“流派”的形成。

泡茶者与品茗者这两个角色有何不同

泡茶者要把茶汤泡好，提供给自己与其他品茗者饮用，如果是一场茶道艺术的呈现，那就要把泡茶、奉茶也视为茶汤的一部分，作为一出完整的作品提供给品茗者。品茗者要喜欢茶，好好地品饮泡茶者提供的这壶茶，如果是茶道艺术呈现的场合，那就要专心欣赏泡茶者的泡茶、体会泡茶者的奉茶，并且像观赏一幅画或聆听一首音乐一样地品饮这壶茶（区别只是绘画是视觉的艺术，音乐是听觉的艺术，茶汤是嗅觉与味觉的艺术）。

泡茶者不要主动说明今天所泡的是什么茶、要用多高温度的泡茶用水、为什么要选用这把壶、为什么要选用这样的杯子。今天是欣赏茶汤的美、欣赏泡茶奉茶的作为如何创作出一壶数道茶汤的美，这个时候泡茶者与品茗者都是专注于泡茶、奉茶、品茶上，哪有闲工夫管它的水、水温、壶质、杯形？也没有时间管它叫什么茶、它产在哪里、一斤多少钱。欣赏、体会、享用的本身就是需要花费全部精力去做的，哪里还要管茶的产地、品种，更不要管市场上是怎么称呼它的。我们欣赏凡高的一幅画，需要知道它是谁画的吗？需要知道这幅画叫作什么名称吗？需要知道它在拍卖会上卖得多少钱吗？不需要的，对这幅画的背景资料一无所知，是不影响对这幅画的欣赏与感动的。如果原先没那么喜欢与感动，等到知道了是谁画的、知道了那就是鼎鼎有名的某某画后才惊叹不已、被感动得落泪，不是欣赏艺术作品的常态。

所以泡茶者不必担心没有做好泡茶、奉茶、品茶前的教育工作，欣赏茶道艺术，享受茶道之美、品饮茶汤之美，是从泡茶者坐上泡茶席泡茶开始的，这时候不是讲解种茶、制茶、泡茶、评鉴的时间，如果泡茶者滔滔不绝地说个不停，反而分散了自己创作茶道艺术的专注度，也是对品茗者的一种干扰。

难道说欣赏泡茶、奉茶、品茶，可以不需要一些对制茶、泡茶、评鉴方面的知识吗？可以不要的，就直接切入茶道艺术的欣赏即可。但是有了这些制茶、泡茶、评鉴方面的知识，可以让欣赏泡茶、体认奉茶、享用茶汤时，知其然也知其所以然，让茶道艺术的体会更深入一些。但这些功课是品茗者在参加茶会前要做的，不是到了欣赏茶道艺术时才进行。即使茶席上有几位品茗者对这些知识很感兴趣，但对其他想要专心茶道艺术的人是一种干扰。

我们也不要忽略，品茗者对种茶、制茶、泡茶、评鉴懂得太多，又不懂得“忘记”，很容易干扰对泡茶、奉茶的欣赏与对茶汤的享用，因为容易被已知的知识牵着鼻子走；当一个新的动作或是新的茶汤表现方式出现时，会被认为是种错误，因而画地自限地限制了欣赏茶道艺术的空间。泡茶者在泡茶、奉茶、品茗期间所做的解说也会造成相同的弊病，若不是造成错误的引导，就是干扰了品茗者自己对茶道艺术的领悟与信心。

当泡茶者与品茗者对“茶道艺术”的认知还没那么深刻的时候，在泡茶席上一面泡茶一面喝茶，一面交换茶学知识或变成闲聊，都是不可避免的现象。但这是阻碍茶文化发展的，会让泡茶喝茶一直停留在聊天消遣的阶段。如果让泡茶、奉茶、品茶能够创造另一个生活的艺术领域，就可以让茶产业、茶道有更宽广的空间。

茶会时品茗者的心思

“自己泡茶自己喝”与“看别人泡茶自己喝”是不一样的赏茶心理状态，自己泡茶自己喝时，这杯茶汤是怎样泡的，自己心知肚明，这时的喝茶很容易串联起前因后果；但是当这杯茶是别人泡的，再加上你未曾仔细观看泡茶者的茶叶、用水、水温、壶具、茶水比例、浸泡时间、倒干程度时，就只能单纯从喝到的茶汤得出色、香、味、性的结果。这是平面性的感受，相对于这杯茶是自己冲泡得来的，从头到尾仔细观看泡茶者泡茶才喝到的就不一样了，这时是立体的感受，看在眼里、闻在鼻里、喝在口里的感知会更为丰富。

在茶会上，也就是有泡茶者与品茗者，泡茶者泡茶时，如果品茗者只是在一旁等待喝茶，或只是欣赏着泡茶者的姿态、泡茶席上的器物，这样都不是关注到泡茶的本身，这种与会的态度很容易引起不耐烦，引起彼此间的闲聊与玩手机，喝茶时得到的结果是前面所说的平面性的感受。对喝茶有经验的人，当泡茶者给品茗者赏茶时会特别留意茶的各种状况，如茶叶的粗细与破碎度、揉捻成什么样的外形、条索红变的程度（意味着发酵的程度）、黑变的程度（意味着焙火或渥堆的程度）、条索光泽度（意味着陈化的程度）等等，因为这些现象与等一下喝到的茶汤有直接的关联性。当所看到的茶叶与后来的茶汤色香味性连接不起来的时候，若是品茗者没有对泡茶者的泡茶过程特别留意，就很难理解其中的原因。所以我们建议品茗者在别人泡茶时要仔细观看他的每一项泡茶动作，好求证赏茶时获得的资讯与品饮茶汤时所体会到的结果是否一致，而且当前因后果不一致时，还可以找出泡茶者泡茶技法的不当或是自己观察茶叶状况时是否有了误差。

品茗者不必在乎这款茶叫什么名称、是什么地方生产的、市面上的售价如何，也不必在乎泡茶者的茶道资历，但必须关注泡茶者放了多少茶叶、使用了怎样的泡茶用水、把水烧成什么样子、浸泡了多少时间、倒茶时将茶汤沥干的程度、使用了怎样的杯子盛装茶汤。有了这些资讯，当等一下喝到茶汤太淡、口味偏重、香气频率偏低，或是茶汤品质极佳时，才容易从茶叶与泡茶者之间找出道理。泡茶的时候，泡茶者不宜诉说茶叶的故事，也不要让大家讨论泡茶的方法，尽量利用自己“有目的性地专注每一项动作”来提醒品茗者把心放在茶与茶汤上。请品茗者赏茶的时候，用目光陪伴着赏茶的人，请客人喝茶的时候、请客人赏叶底的时候也是用目光陪伴着品茗者，不要利用这个时候从事其他的泡茶工作，否则容易降低品茗者与茶叶、茶汤交流的专注度。

一场茶会的成绩是从泡茶者与品茗者专注在茶与茶汤上的程度得出的，如果闲聊玩手机的现象多、泡茶者奉茶时品茗者才从走神的状况下醒觉过来，都表示了茶与茶道艺术未被赏识。不能只说是泡茶者没有好好引导品茗者、没有掌握好品茗者欣赏茶与茶道艺术的心，品茗者不知道如何欣赏茶与茶道艺术、不知道在茶会上应该留意哪些项目也是主要的原因。

泡茶者的服装

谈到泡茶者的穿着会有两类不同的意见，一是泡茶喝茶各有不同的状况，无法要求；二是应有一定的规矩。主张无法要求者的意思并不是指泡茶的层级或当时的情境，而是各有风格上的主张，甚至有人认为光着身子都是可以表现的手法，从艺术的角度衡量，确实无法规范。持第二种看法的人是站在对茶的尊敬，以及从饮食卫生的角度出发的，当然具有颇重的精致性文化要求。

第一种看法姑且不说，进入第二种看法之时，我们要先解除教条式的框架，如“懂得喝茶的人要穿茶服”，这有两层无甚道理的框架，一是“懂得喝茶的人”，二是“茶服”。另一个必须解除的是纯属个人主意的说法，如泡茶的服装不可以有太多的线条且颜色要使用中间色系(即不要纯红或纯绿等)，这样的说法容易限制茶文化的发展。另一项不正确的观念是以为谈泡茶者的服装只是为了茶道表演，我们觉得谈泡茶者的服装除包含表演外更应着重在生活应用上。

解决了观念上的问题就可以进入泡茶者服装的客观问题了。普遍存在于饮食界的卫生要求在泡茶上是应该遵守的，如头发要束紧，甚或戴上头罩。衣服尽量包住身体避免体味散发，如长袖优于短袖或无袖。袖口不要太宽松以免扫到茶具、浸泡到茶汤。避免飘散的领带与装饰，以免沾到茶汤或绊倒茶具。避免太过抢眼的款式，免得大家只注意到泡茶者的服饰而忘了泡茶的进行与茶汤泡得如何。

有些人赞赏穿着代表国家或地区或族群的服装泡茶，因为看来显著，而且有着特定泡茶风格的代表性，大家也不敢太直接批评泡茶者的泡茶功夫。但是除非是以表演为重的场合，否则这样风格的服装仍然要设计得合乎泡茶的功能与规范。

普及喝茶不需要大家都懂茶

现在我们茶界处心积虑地要普及茶艺知识，开设各种茶道教室，教大家认识茶叶、教大家准备各种所需的茶具、教大家如何泡好茶，进一步还要教大家设置泡茶席，但是努力了半天，怎么看不出喝茶人口有什么显著的增加，茶叶的滞销库存量倒是跟着我们茶文化推广的努力程度成正比地增加。这个现象不得不让我们警觉到，我们所施予的努力是不是与喝茶人口的增长、茶叶消费量的增加不在同一道路上。

如果要等我们教会了人们如何识茶、如何泡茶，然后这些人投入喝茶买茶的行列之后，我们看到了喝茶的普及化、看到了随着各种理由增产的茶叶也被消化掉了，这时我们才放心肯定我们在茶文化推广上的努力没有白费，这是愚公移山的做法，有用，但是要长年累月才看得到成果。这个时候，茶文化推广的努力所带来的茶叶产量增长所造成的滞销库存量，就会压得茶文化工作者喘不过气，还被怀疑所做的努力到底有没有用。

要大家喝茶、爱喝茶，只要将爱茶的氛围建立起来，让大家觉得喝茶是一种文化的象征，是高雅的生活方式，而且有益健康，不需要非懂茶、非知道茶如何冲泡不可。这如同爱音乐，不需要懂得什么是交响乐、什么是协奏曲，也不需要知道贝多芬、李斯特是何许人也；又有几人知道南美的咖啡与亚洲的咖啡有什么不同，煮的方式与冲泡的方式有何差异。所以只要有专业人士帮我们找到好的茶叶，又找了适当的泡茶用水、选择了适当的泡茶用具，他们会用最适当的泡茶水温、茶水比例、浸泡时间，将茶泡出美好的茶汤，以适当的温度交到我们手上，我们就愿意多付一点钱买它来喝。而且这是可以变成日常生活的一部分的，我们可以天天这样买茶汤来喝，不必烦恼怎样去买茶、怎样去泡茶。

培养一批会泡好茶汤，懂得商业经营的茶汤业者，是普及喝茶、大量增加茶叶消费量的关键，也是茶叶、茶业教育要抓住的重点。这里所指的茶汤业者还不只是茶叶调饮店的市场，而是茶叶纯饮的销售，因为我们没有卖“现代茶汤”的经验，所以听到这里有点不顺畅。现代茶汤商品的名称就是西湖龙井、安溪铁观音、凤凰单丛、云南普洱、四季春、白毫乌龙等，成品茶汤的浓度、温度都由商家设定，至于茶汤的品饮质量，商家可以设定成“特级茶”的样貌，也可以设定成“高级茶”的价位。

上述所说的是由人工现场冲泡而成的茶汤，这样的茶汤可以做到很精致，而且有人情的温暖，但喝茶的普及还要研发摆设在街口的大型投币或扫描式自动泡茶机，有三五种茶可供选择、有茶汤温度的按钮，拿到茶汤以后就是一杯适当浓度、适口温度的茶汤可以享用。至于茶叶风格的走向、茶叶等级的设定，则透过品牌告诉消费者。

随时随地可以买到一杯好喝的茶，是茶叶普及化的道路。茶叶的餐饮地位，以及它的文化价值，是已经深植人们心中的，就如同咖啡、葡萄酒，不管你有没有喝它的习惯，不管你对它有没有想喝的情绪，对它都是尊敬三分。只要有方便取得的机会，都可以促进人们花钱尝试，进而养成饮用的习惯。喝了一辈子买来的茶汤，可能连什么是不发酵茶、什么是后发酵茶都不知道呢。

茶艺技能竞赛影响茶文化走向

现在茶艺技能竞赛在各地方蓬勃地展开，有社会组、学校组、产业组；有地方性的、有省级的、有国家级的，再加上一定级别的获奖者在职称的考评上有一定的奖励，于是这项竞赛如火如荼地进行。比赛的规则、评分的办法原本是可以由各主办单位自行订定的，但是大家几乎都依照上一级单位定下的制度来做，因为比赛完毕后，接着还要去参加上一级的比赛，现在使用上一级的办法，就不必再行调整参赛的内容，于是就形成了一个全面影响这个地区或国度的比赛规则。

这个比赛规则不只是被应用到比赛的现场，大家在备赛、集训，甚至于学习时，就已经以此比赛规则作为蓝本。君不知在学校课程规划时就安排进如何在竞赛上夺标的准备，这个现象造成的影响是在学校的学子会以为这就是自己所要学习的茶道、这就是茶文化，在社会上，看过竞赛与转播的大众也会认为这就是我们现今正在推动的茶艺，泡茶喝茶时也会模仿着去做，所以可以说，茶艺技能竞赛引导着茶文化的走向。

不理想的茶艺技能竞赛会误导人们走向错误的茶文化认知，同样的，我们也可以利用茶艺技能竞赛的这种机制，利用它的比赛规则来引导参赛者的作为与观看者的认知。这些在舞台呈现的茶道内容是容易被大家接受的，因为获奖时是那么的光彩。

要利用比赛的规则作为引领茶文化的正确走向，是要有一定智慧与魄力才行的，因为原有的比赛规则与评分标准往往是与当时大多数人的认知一致的，稍有改动，反对声浪一定四起。但是纠正偏差、建设新观念、新做法，本来就是一件挑战，不是那么容易推动的，当然很多人还会担心，万一新的办法也错了怎么办，所以就胆怯了，还是依目前大多数人的意见为意见吧，所以说要以比赛的规则作为引领茶文化的正确走向，是要有一定的智慧与魄力。

如果要改掉大家“洗茶”的习惯（不管说成“醒茶”或“温润泡”，都是相同的结论），只要在评分标准表上列明：有洗茶现象的泡茶法，扣“茶艺技能”分数 X 分，大家从练习起就会改掉这项做法。一般人也不再会误以为泡茶就是要将第一道倒掉。很多国外来的游客，学了洗茶的技术回家，说是应该这么做才对。

如果要避免太强势的“背景”抢夺了泡茶喝茶的焦点，就不要在评分标准上设有一条“背景”的分数，因为有了这项“给分”项目，参赛者就不敢不设置背景，否则拿不到这项背景的分数。同样的，如果规定要用视频作为背景，大家就会花很多精力去制作视频。

如果大家认为泡茶、奉茶、喝茶要专心，而且只有泡茶、奉茶、喝茶构成的内涵才是茶艺的本体，在比赛规则上就不要要求参赛者自备背景音乐，也不要规定背景音乐一律要使用怎样的形式，因为这样的规定容易让大家误会茶艺是要有音乐相伴的。

如果大家认为“茶汤”是茶艺的最终作品，“茶”是茶艺的灵魂，茶艺是要在茶汤被喝了才算数的，那在比赛的规则上就要写明：比赛的程序必须在评审喝完茶，将杯子收回后才算结束，不能只是把茶奉到评审面前，就回泡茶席结束比赛了。原来的那种做法容易让大家误会茶艺的重心在“泡茶”，品茶已经可以归到句点之后，这是经常在比赛会场上看到的现象，评审席上的杯子往往是参赛者有空时才前来收取。

个人茶道水平的测评

茶道的专业能力可以有测评的标准，并由某些单位来执行，目前已有泡茶师、茶艺师的考证制度，尚需的是“能力等级”的评定。能力等级评定是为了让大家知道茶道专业能力包括哪些范围，也方便用人单位知道如何选取所需的人才。有人称茶道水平测评，也有人强调地区的属性，如说成中国茶艺水平测评，如果使用茶道水平测评，是忽略地区的属性，只是泛指泡茶、茶道、茶道艺术的技术性与艺术性能力。也有人会关心知识拓展的能力，如心理学、色彩学、基础化学等，也有人会关心品性与道德的修养，但在茶道水平测评时，是把它归入艺术、思想领域去的，免得变成了“全人”的测评。

如果把茶道水平测评分成九级，由浅到深，第一级应该是要有条不紊地整理茶具与泡茶席，有条不紊地应用所需的茶具与泡茶席，而且能将自己熟悉的茶类泡出浓淡适当的茶汤。这句话的意思是不求各类茶都会泡，而只是把自己熟悉的茶类泡得浓淡适当。

第二级就要把自己的茶具选配得合理又完善，把泡茶席设置得应用起来得心应手。对制茶的全部过程有基本的认识，对各类茶开始有了接触，也能将各类茶泡出它们应有的特色。泡茶用水是泡茶首先遭遇的问题，必须知道它的硬度、硬度超过时如何处理、水温的判断、有效控制水温的方法。

第三级要判断茶叶的各种状况，知道它所需要的浸泡水温，以及各种茶况下“水可溶物”溶出的速度，这样才有办法泡好各类茶。这时的泡茶功力也只要求在各种茶况下能泡出适当的浓度，尚不求完全在精致的状态。所用的茶具已能配合茶叶的需要加以改变，将茶道的焦点逐渐缩拢到茶的本身，无须借重其他与茶无关的项目。

第四级是喝遍了各类茶的不同等级，知道好坏茶的差别，但仍处于大级别的判断，不求各类茶都已确实知道它的特级品质。逐渐了解好茶是艺术性高的茶，与市场的流行度、价格的高低不完全一致。对制茶的各个阶段也有进一步的认识，例如需要日光萎凋的茶，在省略掉日光萎凋后，会有什么特质上的改变。

第五级是要知道如何应用泡茶、奉茶、喝茶来呈现茶道艺术，在这些媒介上如何加入自己的美学境界与茶道思想。这时的茶汤已是茶道艺术最重要的最终作品，所以这时的泡茶功力是要求精准的，泡茶者要有能力选取高品质的茶叶，将各类好茶表现出其最精彩的面貌。

第六级是要深入体悟到泡茶用水的水质、煮水的热源、煮水器、泡茶壶具、饮用杯子的材质对茶汤的影响，这个影响已经从茶汤色香味的表象进入每类茶叶“茶性”的表现。这个茶性表现与泡茶、奉茶的风格结合成了全部的“茶道艺术”。

第七级是要深入体悟到不同的茶水比例（即不同的浸泡时间）、不同的水温，在泡好每一道茶的前提下，对茶汤品质的影响。而且这个影响是可以预知的，评委也可以喝得出来的。

第八级是深入理解泡茶、奉茶、茶汤的审美与艺术的内涵，然后在泡茶、奉茶、品茶的茶道艺术中表现出来。其中还要有泡茶者自己的茶道与美学上的思想，在茶道水平的测评上，是可以将泡茶、奉茶、品茶的多种艺术境界加以分析、呈现的。

第九级的要求是在不同的品茗环境下，泡茶者仍然可以使用原来的那组泡茶席呈现自己预设的茶道艺术风格（含茶汤品质）。相反地，也可以因品茗者的不同，呈现同等茶汤品质但不同茶汤风格的作品（茶汤品质变坏了就没有意义）。

泡茶过程与茶汤都是茶道艺术

在一次茶艺技能竞赛评分标准的研讨会上，我主张提高茶汤在整个成绩上的占比（相对于茶席、服装、动作、礼仪等），会后闲聊的时候，有人说我特别重视茶汤，我一时没反应过来，我一直重视茶道的内涵，为什么当我强调茶汤分数的占比时，他们会说我特别重视茶汤呢？继续听下去才知道他将泡茶过程与茶汤分开，他认为所谓的茶道艺术是指泡茶过程，茶汤是另外一回事。如果不沟通好这个观念，再说下去就是鸡同鸭讲。

我们泡茶喝茶就是茶道艺术所指的范围，说得再详细一点就是泡茶、奉茶、品茶，茶道艺术的形式是泡茶、奉茶、品茶，茶道艺术的内涵也是泡茶、奉茶、品茶，不能再分割成泡茶、奉茶是茶道艺术，品茶是内涵。会有这种说法是误认为要看得见的泡茶、奉茶才可以称得上艺术，要喝得到的茶汤才可以称得上内涵。怪不得有人说茶汤不可以叫作茶汤作品（作品要像一幅画那样）、茶汤不是拿来欣赏的（是要拿来喝的）。

泡茶、奉茶、品茶是茶道艺术的整体，如同是一部茶道的交响乐。泡茶喝茶的人是演奏者也是欣赏者，茶叶、水参与了演出，茶具是乐器。就“作品”而言，泡茶是第一乐章、奉茶是第二乐章、品茶是第三乐章，它是以品饮茶汤为最终目标的艺术。如果你说茶汤没什么好欣赏的，我宁可看泡茶奉茶时的表演，那是表错情了；你说我听不懂交响乐，但那么多人穿得那么漂亮，又有那么多名贵的乐器，我宁愿看他们的表演，那也是跑错地方，跑去看表演了（不是听音乐）。

品饮茶汤经常被排除在艺术之外，所以谈到茶道艺术时才会只关注到泡茶、奉茶的动作。这要责怪茶道工作者没将品饮茶汤的美感境界很好地介绍给大家，否则怎么会说茶汤一喝就没有了又无法记录，怎能称得上艺术？那音乐、舞蹈（后来有了录音、录影）不也都是一听一看便了，然艺术价值依然被接受？有人又说：音乐、舞蹈是听的、看的，茶是喝的，不一样。但是不要忘了，口鼻与眼耳都是艺术的知己呢。

没有把“品饮茶汤”纳入“茶道艺术”的范围而将它另行归类为“茶道的内涵”，也是错的。将茶道艺术与茶道内涵分离，会把茶汤理解为：看茶艺表演还有喝的。茶汤被排除在茶道艺术之外，结果“茶道艺术”变成了是泡茶奉茶的表演，“茶道”变成了是泡茶奉茶表演加上为人处世的修炼。事实上是应该这样的：茶道或茶道艺术包括了泡茶奉茶的过程与茶汤的品饮，既是形式又是内涵，只是茶道艺术加重了美与艺术的要求。

我们提倡纯茶道也不是只重视茶汤而忽视泡茶奉茶的过程，茶汤与泡茶、奉茶是茶道（或说是茶道艺术）的整体，我们不希望的是：非茶的项目，如喧宾夺主的花与香，如非该席茶道所自然呈现的意境（如手印、打坐）的掺入。这些非茶的项目往往是美好的其他艺术，我们要接近它、学习它，但不是将这些艺术项目搬上茶席。

跋

茶道审美与艺术的鲲鹏之游

2019 年 10 月 14 日我在福建参加第九届国际茶文化研讨会，并与温州大学的阚文文副教授共同担任研讨会主持人，当时研讨主题为“茶事活动举办”，主办方安排我主持蔡荣章先生那场报告，蔡先生的主题是“茶会席数与茶、水供应量的计算”。我马上想到，四十年过去了，自 1980 年蔡先生开启了茶艺课程“如何泡好一壶茶”，今日依旧是将此事摆在第一位——要我们把茶泡好，“茶会席数与茶、水供应量的计算”正是如何泡好一壶茶的深化推进概念。

起初，20 世纪茶文化复兴滥觞期，1980 年当时整个大环境都是萌芽阶段，蔡先生讲泡茶的茶叶量要多少、用水要多少、水温要多高、浸泡时间要多久、第一泡要不要倒掉、壶质水质如何影响了茶汤质感表现等泡茶原理。今日要是泡茶功夫洗练、心领神会了可举办茶会的人就必须拥有供茶能力、供水煮水布席等的操作方法。蔡先生配合时代脚步研究、编制上课内容，各科上课内容应社会的茶学进度而出现，合乎当时人们的需要而又不抱侥幸态度。此番，他用直白的文字和语言，平和地、谨慎地具体化计算出一次茶会所需要的：茶席数之搭配、所需茶叶用量、所需热水量，另外也提及现场煮水器的容量与加热能力等问题。这等于说泡茶者必须十分了解泡一壶茶需要几分几秒、怎样的壶能泡出几杯多少毫升的茶、每把壶泡几道茶较符合茶汤与质量上的要求、泡几道的茶要使用多少克数的茶叶、总共泡几道茶会用掉多少的水等功夫。如此泡茶者才能进一步掌握与会者多少人、要喝几种茶、每种茶喝几杯、每杯多少毫升喝多少毫升才满足等问题，才能计算出整个茶会需要提供的杯数与茶席数。这是对现今到处盛行茶会却忽略了茶汤真义而只费尽心思去装饰外观、编些虚情假意的故事盖在茶头上做幌子的人的一记警钟。

此书《泡茶之美与艺》就是在经历了“如何泡好一壶茶”到“茶会席数与茶、水供应量的计算”之过程，将茶道审美、鉴别茶道艺术性的实践课去芜存菁、除杂存真的提炼，全书六章有：茶道美学的含义、茶道艺术的实践、泡茶的形体美到抽象美、茶汤作品的欣赏、追求纯茶道美的平衡及美妙的献祭，总共七十八篇文章。蔡先生将我们在日常泡茶喝茶都遇见过的关于茶艺术与审美的疑问组织起来，并不是给答案，而是以“我有话要说”的觉察精神提出看法。回顾起初1984年蔡先生提出划时代意义的“从有法到无法”的泡茶艺术性课题，谈茶艺最初泡茶手法与动作分解得特别细致，使用道具也不厌其烦分得一清二楚，那么会不会因为这些规定的手法而抹杀了茶道的“艺术性”？不会的，只要泡茶者是有创造力的，会加进自己个性与创作风格，从有法走进无法，而得到专业化的高度精致性。他曾说：“泡茶动作熟练后，会将方法、技术消化于无形，看到的只是自在，充满灵气的一举一动，泡出的茶也不是老师的味道，而是属于自己风格的茶汤，谓之艺术性。”此书中一文《泡茶动作不要巨细靡遗地规划》是作者对“从有法到无法”观念的刷新与超前，更明确表达法与无法间的利弊。

1989年蔡先生的“秩序与美感”，破天荒宣示当代泡茶审美观念与审美体验，提出“秩序”是建立美感的基础，泡茶的种种步骤要习惯以后才会产生美，如果只是为了遵守泡茶规定，依着吩咐背诵着去做，喝茶的人只觉得泡茶的规矩特别多，泡茶的人也会累得半死而无多余心思体会其中到底美在哪里。美感，并非狭义的赏心悦目而已，应该是在自如之后能够表现各种不同的风格与思想。到了这个地步，秩序已消化得无影无踪。

1990年蔡先生发表了《茶道美学概要》论文，不以美化品茗环境为目标，不以美化泡茶、品者间之人情世故为准则，以当代人的思维让泡茶的美拥有透视剖析当代社会生活的史观，其中提出：泡茶技术与茶汤品质的关系、泡茶肢体与泡茶方法的美感要求等，表达方式明快中有节制，直白又不虚张声势。蔡先生接踵而至的茶道观念像花草般随着四季气候播种的播种、开花的开花，自此现代茶艺术与美学有了序篇。

《泡茶之美与艺》一书，就是如此这般沿袭着此书作者的气韵与想法，四十年来耕耘不辍的作品。它并非一时兴起跟着流行风气追逐波浪的事，也并非内容迂腐的教条书。在章一：茶道美学的含义中，蔡先生将“空寂”“无”“凄凉感”“纯品茗的抽象之美”“唯要声音与光影陪伴茶”列为重要审美意境。

章二：茶道艺术的实践。此章从“为何、何事、何地、何时、何人、何法”六个方面提出问题进行思考。其中将茶道艺术定义为“口鼻的艺术”，指出茶汤的形成还不能算作茶道，要直到茶汤被饮用了，被享受了它的“美”后才算茶道艺术的完成。

章三：泡茶的形体美到抽象美。蔡先生设置小壶茶法与泡茶师检定考试，告诉大家如何从泡茶师过渡到茶道艺术家，它以技术面的茶学知识及泡茶原理架构起身骨，发掘出内在的、隐藏于泡茶奉茶喝茶深处的精神内涵，将之化为血肉，支撑起茶道艺术。

章四：茶汤作品的欣赏。此章提出我们不要将茶只当作柴米油盐酱醋茶的一环，都太随意地看待它。应把它当作独立的学科对待，精致严谨地将茶汤提升为茶汤作品的泡茶与欣赏要求。其中一文《茶，永远有其苦涩的一面》是茶汤欣赏国度里的国歌，泡茶者都必须懂得唱。此章也明述茶汤作品的创作要求及把玩欣赏要旨，其中至关重要是“水的欣赏”，作者说“懂得欣赏水内质的茶人，是水的亲人水的知己”，其情意殷切也科学啊，水若不好，茶汤怎么能弄好？

章五：追求纯茶道美的平衡。此章论述茶的美、茶道的美，极珍贵处在茶汤、在茶汤所表现的纯艺术性，为一杯自己满意的茶汤而泡茶，因为如果茶人们没有熟练的技术进而达成修养，也无法将泡茶、奉茶动作提升到意境表现的层次。茶道艺术作品的创作由不得其他艺术的干扰，也不是任意挥洒的，它要有一定程度的稳定性，它所要达成的“目的效应”应是可品饮、可复制的。其中“茶室不是茶具陈列室”“茶道的重心在修身而不在茶吗”说出了我们现时泡茶的怪现象，让我们领悟纯茶道之美到底在何方。

章六，美妙的献祭。此章用了“献祭”二字，因茶道艺术的创作、审美途径的建立，是茶道艺术家用本身极致的技艺与感情，庄严地、殷勤地表达出来让大家欣赏。茶人知道如何将有形的泡茶奉茶品茗及无形的美感与茶道精神完善地表现，又首先要对美有正确的认识，理解美是多面性的，因为泡茶、奉茶、品茗间包含许多不同形态的美，其次要培养自己的审美能力与艺术表现能力，才有了带灵性的作品。本章之“移爱入汤移爱入人”是美与艺的基本特性，因为喜欢，心中亦无造作，故他们的茶道作品不会叫人生厌。

日常我不时遇到亲友及学生说：“请几位美女打扮成仙女模样，恭恭敬敬地行礼一番，再优优雅雅地使出二十八式手势泡茶，我已经觉得很美很艺术了，我只会看这种具体的美。为何搞得那么复杂，喝杯茶还需弄懂如何抽象地去欣赏茶汤的性、香、味？”那也难怪，原来人们一向把茶当消遣活动、解渴饮料、保健物品，往往离世俗越近便误以为这些就是全部，而忘了宏观全局与远景。我觉得除了以茶来进行衣食谋生娱乐活动外，茶道也应有深层的意义与价值让人追求和研究，故我仅借着“鲲鹏”之喻，认为《泡茶之美与艺》一书是大鱼一飞冲天化成大鸟，另开天眼好看清茶道真面目的历程。

許玉蓮

2021 年 7 月 9 日

于马来西亚茶道研究会

作者简介

蔡荣章，1948 年生于台湾，1978 年开始茶文化工作，现任漳州科技学院教授兼茶文化研究所所长、台北天仁茶艺文化基金会执行长、天福茶博物院顾问、中国茶叶学会第九及十届理事会茶艺专业委员会副主任委员。

蔡荣章的茶道体系由经线的茶具、茶席、茶法、茶学、茶业、茶人、茶会以及纬线的纯茶道、茶与艺术、茶道美学、茶道内涵交织而成；他开发的事物与思想互相串联成一套缜密系统，主要研究三条脉络，即：茶与艺术、茶与茶业、茶道艺术家与茶会。蔡荣章于 1980 年创办《茶艺》月刊，担任社长兼社论主笔至 2008 年，2009 年担任中国《茶道》杂志专栏作者、2011 年创立 http：//contemporaryteathinker.com 茶道网站兼主笔至今，是当代茶文化复兴期间具有深刻影响力的现代茶道思想大家。

主要出版作品：

1. 《现代茶艺》
2. 《无我茶会——中日韩英四语》
3. 《现代茶思想集》
4. 《无我茶会 180 条》中文版
5. 《台湾茶业与品茗艺术》
6. 《茶学概论》
7. 《陆羽茶经简易读本》
8. 《无我茶会 180 条》日语版
9. 《茶道教室——中国茶学入门九堂课》
10. 《茶道基础篇——泡茶原理与应用》
11. 《说茶之陆羽茶道》

12.《茶道入门三篇——制茶・识茶・泡茶》
13.《茶道入门——泡茶篇》
14.《茶道入门——识茶篇》
15.《中华茶艺》
16.《中英文茶学术语》
17.《中日文茶学术语》
18.《茶席・茶会》
19.《中国茶艺》
20.《中国人应知的茶道常识》简体版
21.《中国人应知的茶道常识》繁体版
22.《现代茶道思想》繁体版
23.《无我茶会——茶道艺术家的茶会作品》繁体版
24.《无我茶会——茶道艺术家的茶会作品》韩语版
25.《现代茶道思想》简体版
26.《无我茶会——茶道艺术家的茶会作品》简体版
27.《茶道艺术家茶汤作品欣赏会》
28.《纯茶道》
29.《泡茶之美与艺》
30.《无我茶会——新时期的茶道茶会》简体版
31.《无我茶会》中英双语版（即将出版）

主要茶道作品：

1980 年完成小壶茶法等十大泡茶法及其泡茶原理。

1983 年创办泡茶师检定制度。

1989 年创办无我茶会，1990 年正式对外举办。

1999 年创设“车轮式泡茶练习法”。

主要茶思想观念：

1980 年，第一泡茶就喝。

1990 年，茶道的独特境界——无。

2000 年，茶道与抽象艺术。

2001 年，泡好茶是茶人体能之训练。

2001 年，茶道空寂之美。

2005 年，提出纯茶道的看法。

2012 年，提出茶汤市场的观念。

2012 年，提出茶道艺术、茶道艺术家、茶道艺术家茶汤作品欣赏会等观念。

2016 年，将茶道艺术定位在泡茶、奉茶、品茶。

主要茶具作品：

1980 年研发无线电壶，1981 年首批产品上市。

1980 年研发泡茶专用茶车，规划茶具四大区块摆置的原则，首批产品于 1981 年上市。

1988 年研发包壶巾、杯套、四折式坐垫等旅行用茶具。

当喝茶进入了茶道艺术的阶段

它已经是审美课程的一环

审美的内涵从泡茶、奉茶、品茶开始

包含了泡茶、奉茶的动作

以及品茶的色、香、味、性的

美感与艺术境界

图书在版编目（CIP）数据

泡茶之美与艺 / 蔡荣章著. -- 昆明 : 云南美术出版社, 2022.5
ISBN 978-7-5489-4801-8

Ⅰ. ①泡… Ⅱ. ①蔡… Ⅲ. ①茶道 Ⅳ. ① TS971.21

中国版本图书馆 CIP 数据核字（2022）第 008549 号

出 版 人：刘大伟

策　　划：许玉莲
责任编辑：张湘柱　庞　宇　刁正勇
责任校对：赵　婧　吕　媛　张　蓉
装帧设计：刁正勇

泡茶之美与艺

蔡荣章 | 著

出版发行：云南出版集团
云南美术出版社（昆明市环城西路 609 号）
制版印刷：云南出版印刷集团有限责任公司华印分公司
开　　本：787mm×1092mm　1/16
印　　张：10
字　　数：160 千字
印　　数：1～5000
版　　次：2022 年 5 月第 1 版
印　　次：2022 年 5 月第 1 次印刷
书　　号：ISBN 978-7-5489-4801-8
定　　价：46.00 元